职业教育校企合作“互联网+”新形态教材

照明线路安装与调试

主　编　刘敬慧　张立梅
副主编　刘　徽
参　编　王子成　祖　玉　张　帅
高　锋　沈莲莹
淳于长舒　邬宏亮

机械工业出版社

本书以加强实践能力为培养目标，采用项目引领、任务驱动式方法，以具体任务为载体，配合动画、图片、视频等多种形式的教学资源直观地展现了安全用电、电工基本操作、照明线路安装与调试、配电线路安装与调试等教学内容。

本书内容丰富、通俗易懂、简明实用，可作为中等职业学校机电技术应用专业、电气设备运行与控制专业的教材，也可作为初级电工和1+X证书轨道交通电气设备装调初级工技能人才培训的参考教材。

为方便教学，本书配套立体化教学资源，包括PPT课件、电子教案、动画、视频、习题答案等，其中动画、视频以二维码形式呈现于书中，方便扫码观看。选择本书作为授课教材的教师可登录 www. cmpedu. com 注册并免费下载所需资源。

图书在版编目（CIP）数据

照明线路安装与调试/刘敬慧，张立梅主编. —北京：机械工业出版社，2022. 6（2024. 1 重印）
职业教育校企合作“互联网+”新形态教材
ISBN 978-7-111-70970-1

Ⅰ. ①照…　Ⅱ. ①刘…②张…　Ⅲ. ①电气照明-设备安装-中等专业学校-教材②电气照明-调试方法-中等专业学校-教材　Ⅳ. ①TM923

中国版本图书馆 CIP 数据核字（2022）第 099180 号

机械工业出版社（北京市百万庄大街 22 号　邮政编码 100037）
策划编辑：赵红梅　　　　责任编辑：赵红梅　周海越
责任校对：李　杉　刘雅娜　封面设计：张　静
责任印制：郜　敏
中煤（北京）印务有限公司印刷
2024 年 1 月第 1 版第 3 次印刷
184mm×260mm · 10. 75 印张 · 264 千字
标准书号：ISBN 978-7-111-70970-1
定价：35. 00 元

电话服务　　　　　　　　　网络服务
客服电话：010-88361066　　机 工 官 网：www. cmpbook. com
　　　　　010-88379833　　机 工 官 博：weibo. com/cmp1952
　　　　　010-68326294　　金 书 网：www. golden-book. com
封底无防伪标均为盗版　　机工教育服务网：www. cmpedu. com

前 言

“常用照明电路安装与调试”是机电技术应用专业的专业技能课程。本书结合专业特点和岗位需求选取教学内容，注重理论与实践相结合。本书通过动画、图片、视频等多种形式教学资源为学生提供图、文、声、像并茂的动态学习环境，使学生的学习不再枯燥单调。

本书根据机电技术应用专业的特点，在对生产企业一线人员的需求进行深度调研的基础上，以培养学生实践能力为主线，参考电工职业资格的考核要求，采用从易到难、循序渐进的编写顺序编写而成，力求使学生在实训过程中好操作、易学习。通过本课程的学习，学生可以掌握电工基本操作技能，掌握照明线路及配电线路的安装与调试的基础知识与基本技能，使学生能够运用所学知识分析和解决在后续专业课及生产、生活中出现的电工技术方面的问题，达到懂原理、会安装、能调试的学习目标。

为贯彻党的二十大精神，本书在编写及动态更新过程中突出实用性，树立理论服务于实践的思想，采用项目教学的模式，以实际工作岗位的典型工作任务为引领，设计了多个实训任务，围绕实训任务介绍相关的理论知识，深入浅出，以能力为本位，将理论知识与实践技能结合起来，使内容更贴近岗位要求。本书每个学习任务实施后都设置了由学生自评、小组互评和教师评价组成的评价表，突出了对学生在学习理论知识与实践评价过程中综合职业能力培养的具体要求。

本书建议学时数为 124 学时，各项目参考学时分配如下：

项目	内容	学时分配（理论+实践）
项目 1	安全用电	26 学时
项目 2	电工基本操作	14 学时
项目 3	照明线路安装与调试	48 学时
项目 4	配电线路安装与调试	26 学时
理论+实践终极考核		10 学时
总计		124 学时

本书在编写过程中得到长春市机械工业学校领导的大力支持，同时教材的编写融入了多位教师的辛勤劳动和汗水，以及东北师大理想软件股份有限公司的技术支持。本书由长春市机械工业学校刘敬慧、张立梅担任主编，长春市机械工业学校刘徽担任副主编，参编人员有长春市机械工业学校王子成、祖玉、张帅、高锋、沈莲莹、淳于长舒，以及吉林省教育学院邬宏亮。编者均来自职业学校教学工作一线，由专业带头人、骨干教师和双师型教师组成。

在本书编写过程中，编者参阅了有关著作和文献资料，在此向各位作者表示真诚的感谢。

由于编者水平有限，书中难免存在疏漏之处，敬请读者批评指正。

编 者

二维码索引

页码	名称	二维码	页码	名称	二维码
37	口对口人工呼吸法抢救操作方法		95	安装接线图	
38	人工胸外心脏按压法抢救操作方法		108	线管布线工艺	
38	触电者无呼吸、无心跳抢救操作方法		112	白炽灯照明电气	
56	单股导线的直线连接		113	白炽灯接线	
56	单股导线的T型分支连接		120	槽板的拼接方法	
56	七股导线的直线连接		132	荧光灯电路网孔板安装	
57	七股导线的T型分支连接		137	一灯双控电路接线	

（续）

页码	名称	二维码	页码	名称	二维码
137	一灯双控电路实物		151	三相四极式漏电保护器的原理	
142	单相电度表接线方法		152	三相四线制电度表间接接线电路原理	
145	单相电度表直接接线电路接线		153	三相四线制电度表间接接线电路接线	
148	直接式三相四线制电度表接线方法		160	配电箱电路安装接线	
149	间接式三相四线制电度表接线方法				

目录

项目1

安全用电

任务1　预防触电的安全措施训练

知识目标

1. 阐述电流对人身安全的危害和触电形式。
2. 阐述相应的电工安全知识，熟悉安全用电措施。
3. 阐述安全操作规程和触电急救方法。
4. 说出保护接地的概念。

技能目标

1. 能完成人体电阻测试电路接线，测量出不同电压对人体反应电阻的影响。
2. 能完成人体电击电流电路的接线，测量出电击电流对人体的危害。
3. 能完成允许安全接触电压电路和跨步电压电路的接线。
4. 能对 IT 配电网、TT 配电网、TN-C 配电网触电电路进行接线与调试。

素质目标

1. 在电路接线时，严格规范操作，养成安全意识。
2. 在电路调试时，养成认真细致的习惯，数据准确可靠。
3. 在小组合作安装接线中培养团队合作精神。

知识链接

在日常生活和工作中，特别是实训室和现场等场所有很多用电设备，了解使用这些设备的安全常识是非常重要的。

一、电流对人体的伤害

人体是可以导电的，当人体触及带电体时，会有电流通过人体而对人体造成伤害，即触电。触电时，电流对人体的伤害程度可分为电伤和电击。决定电击强度的是电流而不是电压。电流通过人体引起的心室纤维性颤动是导致触电死亡的主要原因，当然要产生电流必须要有电压，但决定触电伤害程度的是阻碍电流的电路。

那么触电时，电流对人体伤害的程度与哪些因素有关呢？

1. 电流的大小

人体内存在生物电流，一定限度的电流不会对人体造成伤害。触电时，通过人体的电流越大，人体的生理反应越强烈，感觉就越明显，对人体的伤害也就越大。当 10～30mA 的电流流过人体时，会产生麻痹感，难以忍受，这时人体已经不能自主地摆脱带电体。若电流达到 50mA 以上，就会引起心室颤动而有生命危险。

2. 电流通过人体的时间

电流对人体的伤害与电流作用的时间密切相关。触电时电流通过人体的时间越长，其伤害程度越大。

3. 人体触电电压的高低

当人体接近高压时，会产生感应电流，电压越高，感应电流越大。所以，人体接触的电压越高越危险。

4. 通过人体电流的频率

电流的频率不同，对人体的伤害也不同。其中，25～300Hz 的电流对人体的伤害最严重。低频的交流电（特别是 f=50Hz 的交流电）带来的危险大于直流电带来的危险，因为交流电主要麻痹并破坏人体的神经系统。

5. 不同人群以及人体在不同环境下电阻值的差异

人体对电流有一定阻碍作用，这种阻碍表现为人体电阻。不同的人群触电所造成的危害是不同的，这是由于不同人体的电阻不同，所流经的电流也不同。

人体电阻不仅与身体自然状况和身体部位有关，而且与环境条件等因素以及接触电压大小有很大关系。

6. 电流流经人体的部位

人体中最忌电流通过的部位是心脏和中枢神经，因此电流从人体的手流到手、从手流到脚都是危险途径。

二、触电的形式

人体触电的形式主要有单相触电、两相触电、接触电压触电和跨步电压触电等。

1. 单相触电

单相触电是指人体某一部分触及一相电源或接触到漏电的电气设备，电流通过人体流入大地，造成触电。触电事故中大部分属于单相触电，如图 1-1 所示。

2. 两相触电

人体的两相触电如图 1-2 所示。这时人体的不同部位同时触及两相导线，电流从一根导线通过人体流向另一根导线，这是危险性更大的触电形式。

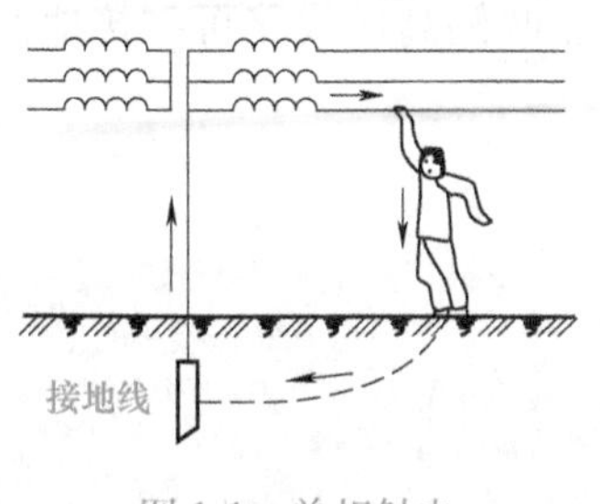

图 1-1 单相触电

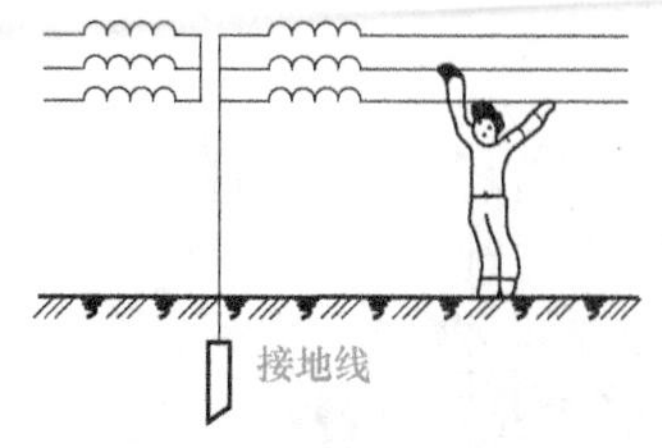

图 1-2 两相触电

3. 接触电压触电

人体与电气设备的带电外壳接触而引起的触电为接触电压触电，如图 1-3 所示。

4. 跨步电压触电

当带电体有电流流入地下（架空线的一相线断落在地上），在地面形成不同的电位，在接地点周围人的两脚之间会有电压差，即为跨步电压，跨步电压触电如图 1-4 所示。

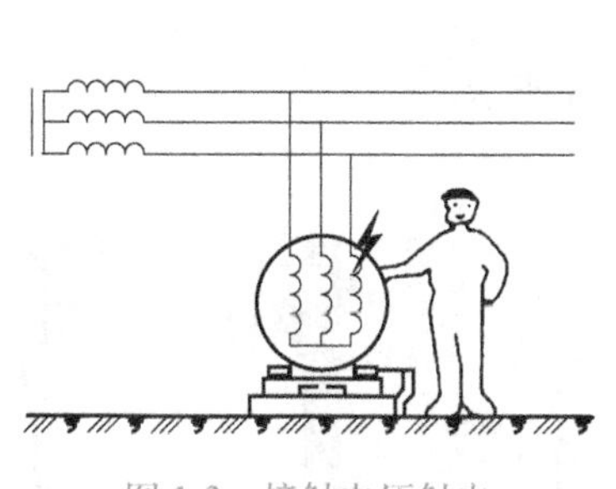

图 1-3 接触电压触电

图 1-4 跨步电压触电

三、电工基本安全知识

电工必须接受安全教育，在掌握基本的安全知识和工作范围内的安全技术规程后，才能进行实际操作。

1. 电工必须具备的条件

1）身体健康，精神正常。凡患有高血压、心脏病、哮喘、神经系统疾病、色盲疾病，或者听力障碍、四肢功能有严重障碍的，不得从事电工工作。

2）获得电工国家职业资格证书，并持电工操作证。

3）掌握触电急救方法。

2. 电工人身安全知识

1）在高压设备周围需要架设规范的网状围栏，并悬挂“止步，高压危险”字样，如图 1-5 所示。在进行电气设备安装和维修操作时，必须严格遵守各种安全操作规程，不得玩忽职守。

2）在带电部分操作附近时，要保证有可靠的安全距离，如图 1-6 所示。

3）遇到大风、大雪、雷雨、严寒时，如果发现架空电力线断落在路面上，人员应离电线断落地点 8~10m，并设专人看守，迅速组织抢修。在抢修期间，工作人员在断开高压线路上可能产生感应电压的导线和架空地线前，必须先将断开点两侧高压线路可靠接地，如图 1-7 所示。

图 1-5　高压设备警示标牌

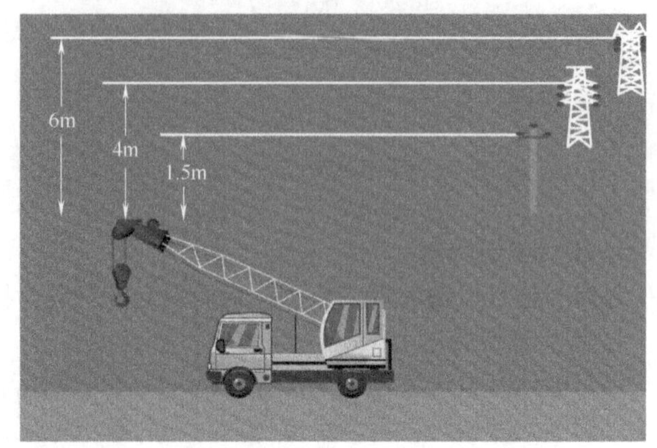

图 1-6　在带电部分操作附近时，保证安全距离

4）电气设备等要可靠接地来防止漏电，如图 1-8 所示。

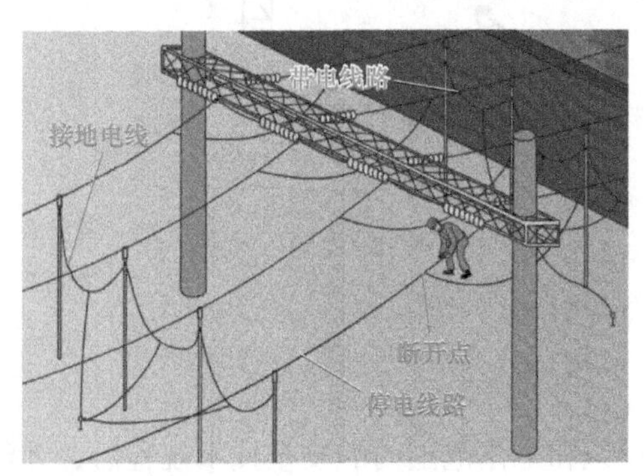

图 1-7　架空线路断落，抢修必须可靠接地

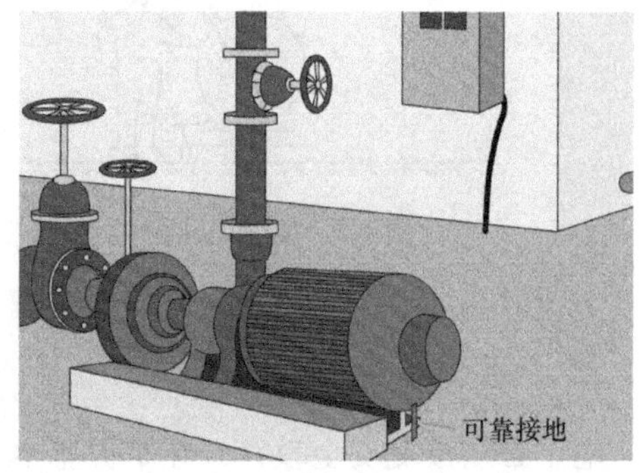

图 1-8　电气设备须可靠接地

5）在使用移动式电动设备、便携式电动工具时，应在电源处使用剩余电流断路器等进行自我保护，如图 1-9 所示。

6）操作前应仔细检查操作工具的绝缘性能是否良好，绝缘鞋、绝缘手套等安全用具（见图 1-10）的绝缘性能是否良好，应立即进行检查，有问题的应及时更换。

四、接地的概念

出于不同的目的，将电气装置中某一部位经接地线或接地体与大地做良好的电气连接称为接地。根据接地的功能不同，接地可分为工作接地、保护接地、防雷电接地以及防静电接地。

1. 工作接地

工作接地是指为了运行的需要而将电力系统中的某一点，直接或经特殊设备与大地做金

属连接，如变压器中性点直接接地或经过避雷器接地都是工作接地。

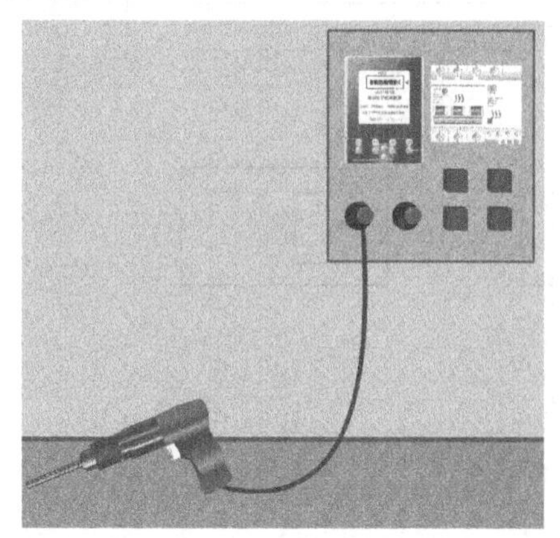

图 1-9 移动式电动设备使用时应接保护装置

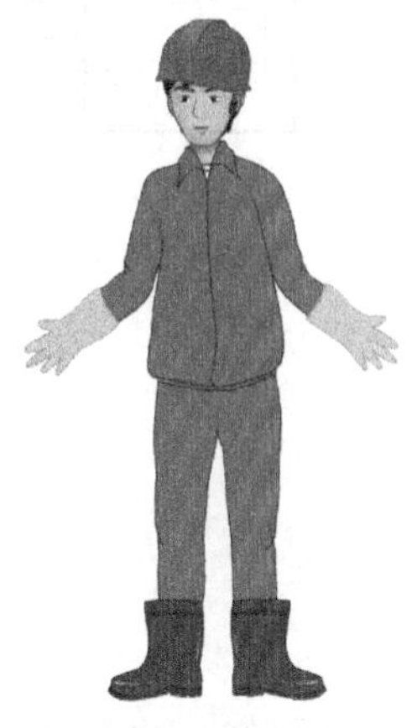

图 1-10 安全用具

2. 保护接地

保护接地是指为了保护工作人员的人身安全，将电气装置中平时不带电，但可能因绝缘损坏而带上危险对地电压的外露导电部分（设备的金属外壳或金属结构）与大地做电气连接。

3. 防雷电接地

防雷电接地是给防雷电保护装置（避雷针、避雷线、避雷网）提供向大地泄放雷电流的通道。

4. 防静电接地

防静电接地是为了防止静电、易燃易爆气体和液体造成火灾或爆炸，而对储气、液体管道、容器等设备的接地。

五、接地保护的形式

接地保护是防止间接触电的安全措施，通常有两种形式：一种是将设备外壳通过各自接地体与大地紧密相接；另一种是将设备外壳通过公共的 PE 线、PEN 线接地。前者过去称为“保护接地”，现在属于 IT 系统和 TT 系统；后者过去称为“保护接零”，现在属于 TN 系统。

1. IT 系统

IT 系统也称三相三线保护接地供电系统，由相线 L1、L2、L3 组成。

从图 1-11 可知，IT 系统的电源端不做系统接地，在发生第一次接地故障时由于不具备故障电流返回电源的通路，其故障电流仅为两非故障相对地电容电流的相量和，其值很小，因此在保护接地的接地电阻 R_A 上产生的对地故障电压很低，不致引发电击事故。所以，发生第一次接地故障时不需切断电源而使供电中断。但它一般不引出中性线，不能提供照明、控制等需要的 220V 电源，且其故障防护和维护管理较复杂，加上其他原因，使其应用受到限制，它适用于对供电不间断和防电击要求很高的场所，在我国规定矿井下、钢铁厂以及医院手术室等场所采用 IT 系统。

2. TT 系统

TT 系统也称三相四线制保护接地供电系统。由相线 L1、L2、L3 和中性线 N 组成。

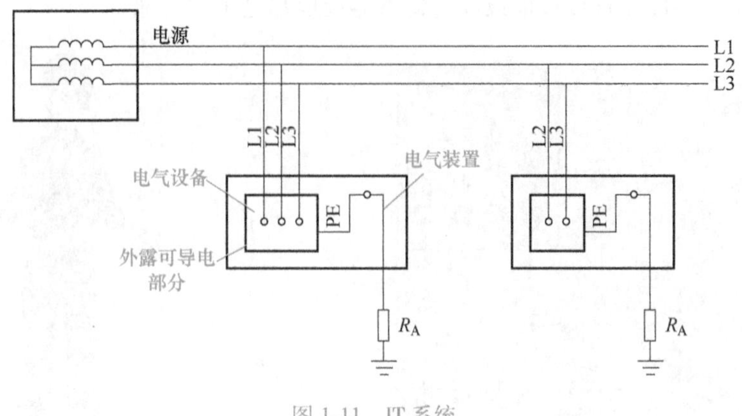

图 1-11　IT 系统

从图 1-12 可知，此系统电气装置的保护接地有各自的接地极。正常工作时装置内的外露可导电部分为地电位，电源侧和各装置出现的故障电压不互窜。但发生接地故障时因故障回路内包含两个接地电阻 R_A 和 R_B，故障回路阻抗较大，故障电流较小，一般不能用过电流防护兼作接地故障防护。因此为防人身电击事故，必须装用剩余电流装置来快速切断电源。从图 1-12 也可知，TT 系统的中性线除在电源的一点做系统接地外，为防杂散电流的产生不得在其他处再接地。

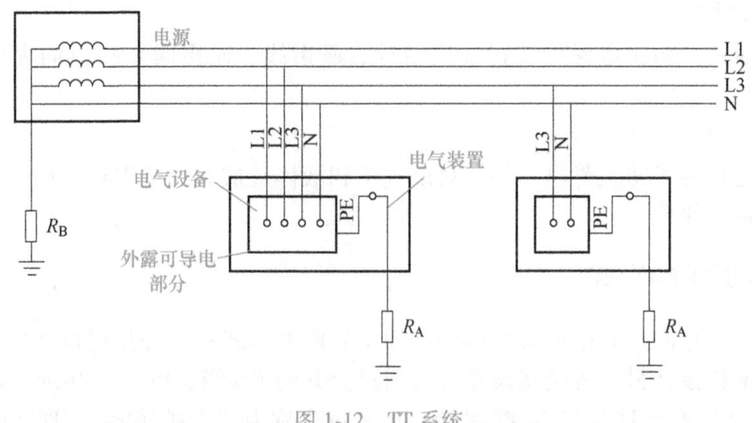

图 1-12　TT 系统

TT 系统内各个电气设备或各组电气设备可有自己的接地极和 PE 线。各 PE 线之间在电气上没有联系。

因此，在 TT 系统供电范围内的接地故障电压就不会像 TN 系统那样通过 PE 线的导通而传导蔓延，导致一处发生接地故障，多处发生电气事故，必须在各处设置等电位联结或采取其他措施来消除这种传导电压导致的事故。TT 系统较适用于无等电位联结的户外场所，例如农场、施工场地、路灯、庭院灯、户外临时用电场所等。

3. TN 系统

TN 系统即电源系统有一点（通常为中性点）直接接地，负载设备外露可导电部分通过保护线连接到此接地点的系统，过去称为保护接零。TN-C 系统的保护线是 PEN 线，一旦出现某相碰壳时，PEN 线可以将漏电电流上升为短路电流，也就是说，其作用机理相当于造成

“相零短路”。通常这个电流非常大，一般能使被保护线路前面的断路器跳闸或熔断器熔断，从而将事故设备切除。根据中性线和保护线的布置，TN 系统分为 TN-C、TN-S 和 TN-C-S 系统。

1）TN-C 系统是指中性线 N 和保护线 PE 合为一根 PEN 线，所有设备的外露可导电部分均与 PEN 线相连，如图 1-13 所示。TN-C 系统的缺点是当 PEN 线断线时，断线点后所有采用此种方式连接的设备外壳上都将长时间带有相电压。

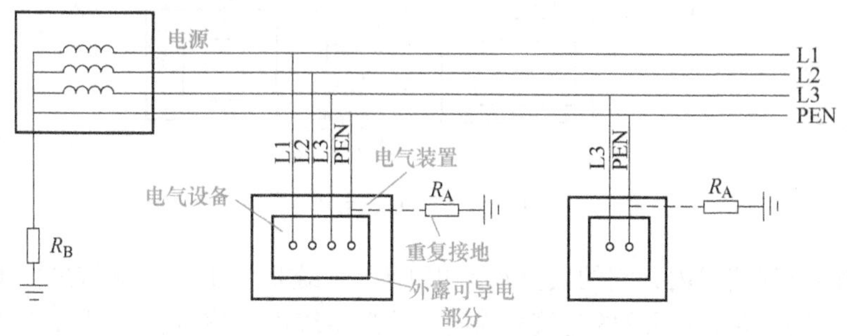

图 1-13 TN-C 系统

2）TN-S 系统是指中性线 N 和保护线 PE 是分开的，所有设备的外露可导电部分只与公共的 PE 线相连，如图 1-14 所示。在 TN-S 系统中，N 线仅用来通过单相负载电流、三相不平衡电流。

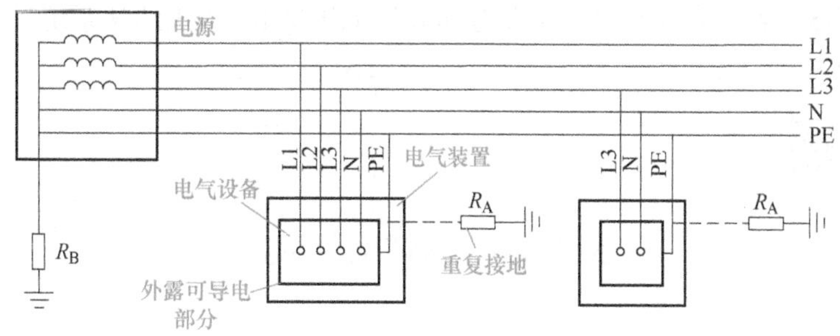

图 1-14 TN-S 系统

TN-S 系统适用于内部设有变电所的建筑物。因为在有变电所的建筑物内为 TT 系统分开设置在电位上互不影响的系统接地和保护接地是比较麻烦的，即使将变电所中性线的系统接地用绝缘导体引出单独的接地极，但它和与保护接地 PE 线连通的户外地下金属管道间的距离常难满足要求。而在此建筑物内采用 TN-C-S 系统时，其前段 PEN 线上中性线电流产生的电压降将在建筑物内导致电位差而引起不良后果，例如对信息技术设备造成干扰。因此，在设有变电所的建筑物内接地系统的最佳选择是 TN-S 系统，特别是在有爆炸危险的场所，为避免电火花的发生，更宜采用 TN-S 系统。

4. TN-C-S 系统

TN-C-S 系统是指系统前部为 TN-C 系统，后部是 TN-S 系统，如图 1-15 所示。TN-C-S 系统自电源到另一建筑物用户电气装置之间节省了一根专用的 PE 线。这一段 PEN 线上的电压使整个电气装置对地升高 ΔU_{PEN} 的电压，但由于电气装置内设有总等电位联结，且在电源进线点后 PE 线即和 N 线分开，而 PE 线并不产生电压，整个电气装置对地电位都是 ΔU_{PEN}，在装置内并没有出现电位差，因此没有 TN-C 系统的不安全因素。

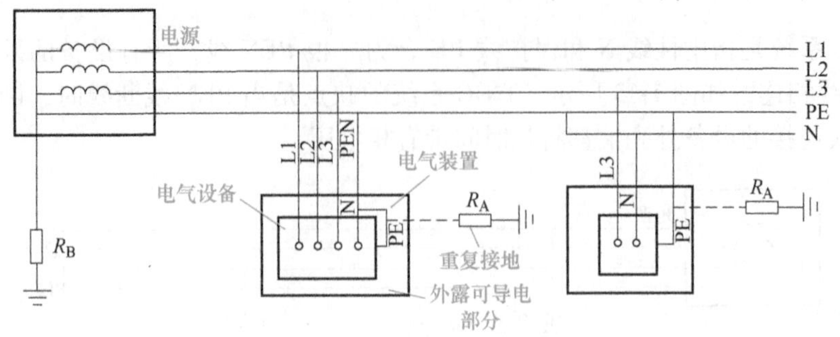

图 1-15　TN-C-S 系统

在建筑物的电气装置内，它的安全水平和 TN-S 系统是相仿的。就信息技术设备的抗干扰而言，因为采用 TN-C-S 系统的建筑物内同一信息系统内的信息技术设备的“地”即其金属外壳，都是连接只通过正常泄漏电流的 PE 线，PE 线上的电压降很小，所以 TN-C-S 系统和 TN-S 系统一样，都能使各信息技术设备取得比较均等的参考电位而减少干扰。

但就减少共模电压干扰而言，TN-C-S 系统内的中性线和 PE 线是在低压电源进线处才分开，不像 TN-S 系统在变电所出线处就分开，所以在低压用户建筑物内 TN-C-S 系统内中性线对 PE 线的电位差或共模电压小于 TN-S 系统。因此，对信息技术设备的抗共模电压干扰而言，TN-C-S 优于 TN-S 系统。综上所述，如果建筑物以低压供电，采用 TN 系统时宜选择 TN-C-S 系统，而不是 TN-S 系统。

技能训练

实训 1-1　人体电阻实训

一、实训目的

1）熟悉安全用电实训装置。
2）提高学生的实训动手能力和数据分析能力。
3）通过本次实训了解不同电压对人体反应电阻的影响。

二、实训设备

1）HEP-ESTS11 人体触电模块。
2）万用表。

三、实训原理

影响人体电阻的要素有接触表面、皮肤的潮湿程度、环境温度和接触压力。

人体电阻 Z_k：电流输入点和输出点之间的电阻。人体电阻主要表现为电抗，并附加一个很小的电容性分量。由于输入点和输出点不同，这个电抗器是存在的，它依赖于人体的湿

度和电压。当施加 220V 交流电压时，人体电流会产生 10°的相位变化。

参考人体电阻 Z_{kref}：左手和两脚之间（穿透皮肤后）的人体电阻。

人体电阻率 F_2：人体电阻和参考人体电阻之比，即 $F_2=Z_k/Z_{kref}$。

四、实训内容

1）熟悉实训装置后，准备实训设备，连接电源。

2）利用人体触电实训模块，测量下列情形下的人体电阻并计算 F_2，见表 1-1。

表 1-1 人体电阻测量

起始点	终止点	Z_k/Ω	Z_{kref}/Ω	$F_2=Z_k/Z_{kref}$
左手	双脚		750	
左手	右手		753	
左手	左前臂		736	
左手	左上臂		743	
左手	颈		690	
左手	头		734	
左上臂	颈		850	
左上臂	头		750	
左上臂	胸		752	
左前臂	左膝		746	
右手	左脚		755	
双手	双脚		780	

3）利用万用表电阻挡的适当量程，测量实际人体双手间的电阻并分析结果。

五、技能评价

人体电阻测量评价见表 1-2。

表 1-2 人体电阻测量评价表

<table>
<tr><td>培训专业</td><td colspan="2"></td><td>姓名</td><td></td><td>指导教师</td><td></td><td>总分</td><td></td></tr>
<tr><td>考核时间</td><td colspan="2"></td><td>实际时间</td><td colspan="5">自　时　分起至　时　分止</td></tr>
<tr><td>任务</td><td>配分</td><td>考核内容</td><td colspan="2">评分标准</td><td>学生自评</td><td>小组互评</td><td>教师评价</td><td>得分</td></tr>
<tr><td>模块选择</td><td>30 分</td><td>1. 能按不同用途选用合适模块
2. 选择合适的测量模块或测量用仪表</td><td colspan="2">1. 按用途选择模块不正确，扣 5 分
2. 选择模块少一个扣 2 分
3. 选择模块多一个扣 2 分</td><td></td><td></td><td></td><td></td></tr>
<tr><td>插接线连接</td><td>30 分</td><td>1. 熟识电路接线图
2. 辨别电源和接地线是否正确</td><td colspan="2">1. 接线每错一根，扣 3 分
2. 电源线、接地线辨别错误，扣 3 分</td><td></td><td></td><td></td><td></td></tr>
</table>

（续）

任务	配分	考核内容	评分标准	学生自评	小组互评	教师评价	得分
电路测试	30分	1. 万用表挡位选择是否正确 2. 不同电压对人体的反应电阻的影响 3. 测试不同部位的人体电阻	1. 万用表使用不正确，扣3分 2. 测试数据不正确，扣3分				
安全文明生产	10分	1. 工具摆放、工作台清洁、余废料处理 2. 严格遵守操作规程	1. 工具摆放不整齐，扣3分 2. 工作台清理不净，扣3分 3. 违章操作，视情节扣分				
教师签名：							

实训1-2 人体电击电流实训

一、实训目的

1）熟悉安全用电实训装置。

2）提高学生的实训动手能力和数据分析能力。

3）通过本次实训了解电击电流对人体的危害。

二、实训设备

1）HEP-ESTS01电源控制屏。

2）HEP-ESTS11人体触电模块。

3）HEP-ESTS10仪表模块。

4）HEP-ESTS07 36V隔离变压器模块。

三、实训原理

1. 电击介绍

电流对人体的诸多伤害中，电击的伤害是最基本的形式，它是指电流的能量直接作用于人体或转换成其他形式的能量作用于人体造成的伤害。电击是电流通过人体，机体组织受到刺激，肌肉不自主地发生痉挛性收缩造成的伤害。数十毫安的工频电流即可使人遭到致命的电击。电击致伤的部位主要在人体内部，而在人体外部不会留下明显痕迹。

50mA（有效值）以上的工频交流电流通过人体，一般会引起心室颤动或心脏停止跳动，也可能导致呼吸停止。如果通过人体的电流只有20~25mA，一般不会直接引起心室颤动或心脏停止跳动，但如时间较长，仍可导致心脏停止跳动。

2. 人体电阻对电击电流的影响

在一定的电流作用下，流经人体的电流大小和人体电阻成反比，因此人体电阻的大小对

电击后果有一定的影响。人体电阻有表面电阻和体积电阻之分。对电击者来说，体积电阻的影响最为显著，但表面电阻有时能对电击后果产生一定的抑制作用，使其转化为电伤。这是由于人体皮肤潮湿，表面电阻较小，使电流大部分从皮肤表面通过。表面电阻对电击后果的影响是比较复杂的，只有当总的表面电阻较低时，才有可能抑制电击。反之，当人体局部潮湿时，特别是仅有触及带电部分的皮肤潮湿时，会大大增加电击的危险性。这是因为人体局部潮湿，对表面电阻值不产生很大的影响，电击电流不会大量从人体表面分流，而电击处皮肤潮湿，将会使人体体积电阻下降，使电击的危害性增大。

条件不同，人体电阻会有很大的变化幅度。当皮肤处于干燥、洁净和无损伤的状态时，人体电阻可高达 40~100kΩ；而当皮肤处于潮湿状态如湿手、出汗，人体电阻会降到 1000Ω 左右；如果皮肤完全遭到破坏，人体电阻将下降到 600~800Ω。

电击电流比例因子：$F_1=I_k/I_{kref}$，I_k 为电击电流，I_{kref} 为参考电击电流。

四、实训内容

1）熟悉实训装置，准备实训设备，连接电源，接线如图 1-16 所示。

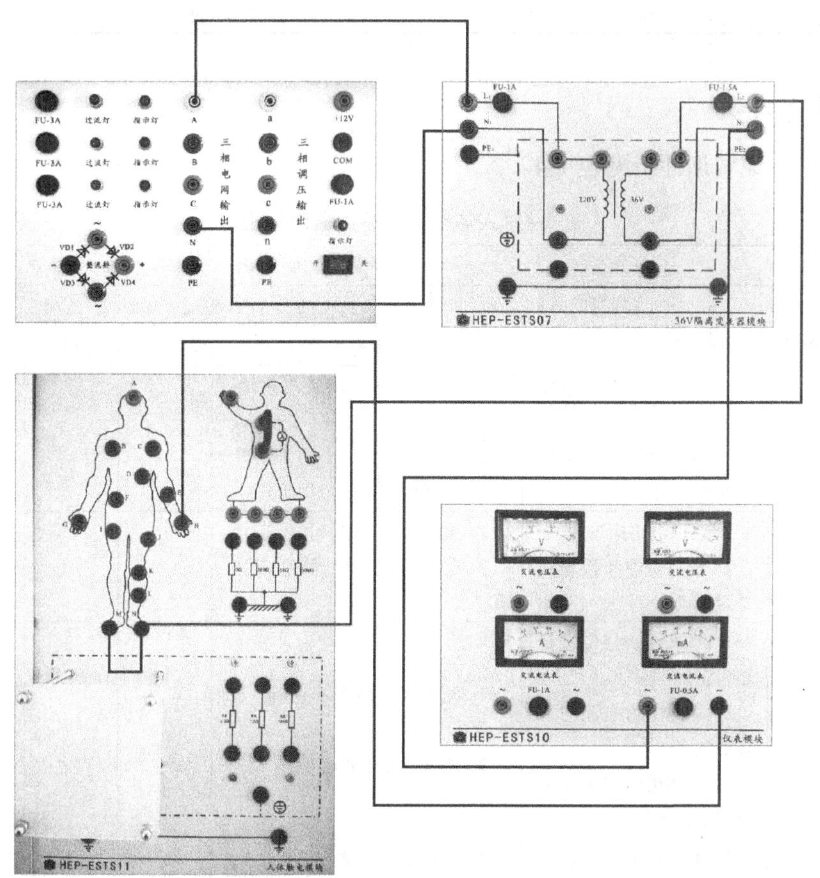

图 1-16 人体电击电流接线图

2）电源控制屏三相电网输出 A（黄）、N（蓝）与隔离变压器模块的 L1（红）、N1（蓝）连接。

3）隔离变压器模块的 L2（蓝）与人体触电模块的脚连接。

4）隔离变压器模块的 N2（蓝）与仪表模块的交流电流表（FU-0. 5A 红）连接。

5）仪表模块的交流电流表（FU-0. 5A 红）与人体触电模块的左手连接。

6）利用可插拔式人体电阻模块，测量下列情形下的人体电击电流，见表 1-3。

表 1-3　人体电击电流

起始点	终止点	I_k/mA	I_{kref}/mA	$F_1=I_k/I_{kref}$
左手	双脚		48. 0	
左手	右手		47. 8	
左手	左前臂		48. 9	
左手	左上臂		48. 5	
左手	头		49. 0	
左上臂	头		48. 0	
左上臂	胸		47. 8	
左前臂	左膝		48. 3	
右手	左脚		47. 7	
双手	双脚		46. 2	

五、技能评价

人体电击电流实训评价见表 1-4。

表 1-4　人体电击电流实训评价表

<table>
<tr><td>培训专业</td><td></td><td>姓名</td><td colspan="2"></td><td>指导教师</td><td></td><td>总分</td><td></td></tr>
<tr><td>考核时间</td><td></td><td>实际时间</td><td colspan="6">自　　时　　分起至　　时　　分止</td></tr>
<tr><td>任务</td><td>配分</td><td>考核内容</td><td>评分标准</td><td colspan="2">学生自评</td><td>小组互评</td><td>教师评价</td><td>得分</td></tr>
<tr><td>模块选择</td><td>30 分</td><td>1. 能按不同用途选用合适模块
2. 选择合适的测量模块或测量用仪表</td><td>1. 按用途选择模块不正确，扣 5 分
2. 选择模块少一个扣 2 分
3. 选择模块多一个扣 2 分</td><td colspan="2"></td><td></td><td></td><td></td></tr>
<tr><td>插接线连接</td><td>30 分</td><td>1. 熟识电路接线图
2. 辨别电源和接地线是否正确</td><td>1. 接线每错一根，扣 3 分
2. 电源线、接地线辨别错误，扣 3 分</td><td colspan="2"></td><td></td><td></td><td></td></tr>
<tr><td>电路测试</td><td>30 分</td><td>1. 测量仪表挡位选择是否正确
2. 不同电击电流对人体的危害
3. 人体电阻的大小对电击电流的影响</td><td>1. 测量仪表使用不正确，扣 3 分
2. 测试数据不正确，扣 3 分</td><td colspan="2"></td><td></td><td></td><td></td></tr>
<tr><td>安全文明生产</td><td>10 分</td><td>1. 工具摆放、工作台清洁、余废料处理
2. 严格遵守操作规程</td><td>1. 工具摆放不整齐，扣 3 分
2. 工作台清理不净，扣 3 分
3. 违章操作，视情节扣分</td><td colspan="2"></td><td></td><td></td><td></td></tr>
<tr><td colspan="9">教师签名：</td></tr>
</table>

实训 1-3　允许安全接触电压实训

一、实训目的

1）熟悉安全用电实训装置。

2）了解安全接触电压。

二、实训设备

1）HEP-ESTS01 电源控制屏。

2）HEP-ESTS11 人体触电模块。

3）HEP-ESTS10 仪表模块。

4）HEP-ESTS06 36V 自耦变压器模块。

三、实训原理

接触电压取决于人体电流和人体电阻。人体电阻 Z_k 可以表示为

$$Z_k = Z_{kref} F_2$$

电击电流 I_k 可以通过将参考电击电流 I_{kref}（电流路径左手—双脚）除以比例因子计算得出，即

$$I_k = \frac{I_{kref}}{F_1}$$

电压表达式为

$$U_B = Z_{kref} I_{kref}$$

出于实际原因，上述公式中没有考虑时间因素。国际上公认的安全接触电压 U_L 可以作为原则上的允许接触电压。因此，对于安全电压可做如下定义：

交流电压 $U_L = 50V$

直流电压 $U_L = 120V$

特殊情况下，允许的接触电压可以进一步降低。例如，6V 的电压可安全应用于医疗器械的安全变压器中，24V 的电压可用于玩具的安全变压器中。

四、实训内容

1）熟悉实训装置，准备实训设备，连接电源，接线如图 1-17 所示。

2）电源控制屏三相电网输出 A（黄）、N（蓝）与自耦变压器模块的 L1（红）、N1（蓝）连接。

3）自耦变压器模块的 L2（红）与人体触电模块的左手（蓝）连接。

4）自耦变压器模块的 N2（蓝）与仪表模块的交流电流（FU-0. 5 黑）连接。

5）仪表模块的交流电流表（FU-0. 5 红）与人体触电模块的左脚（蓝）连接。

6）按照表 1-5，在人体模型的起始点和终止点之间分别施加 36V 电压，测量电击电流并计算比例因子 F_1。

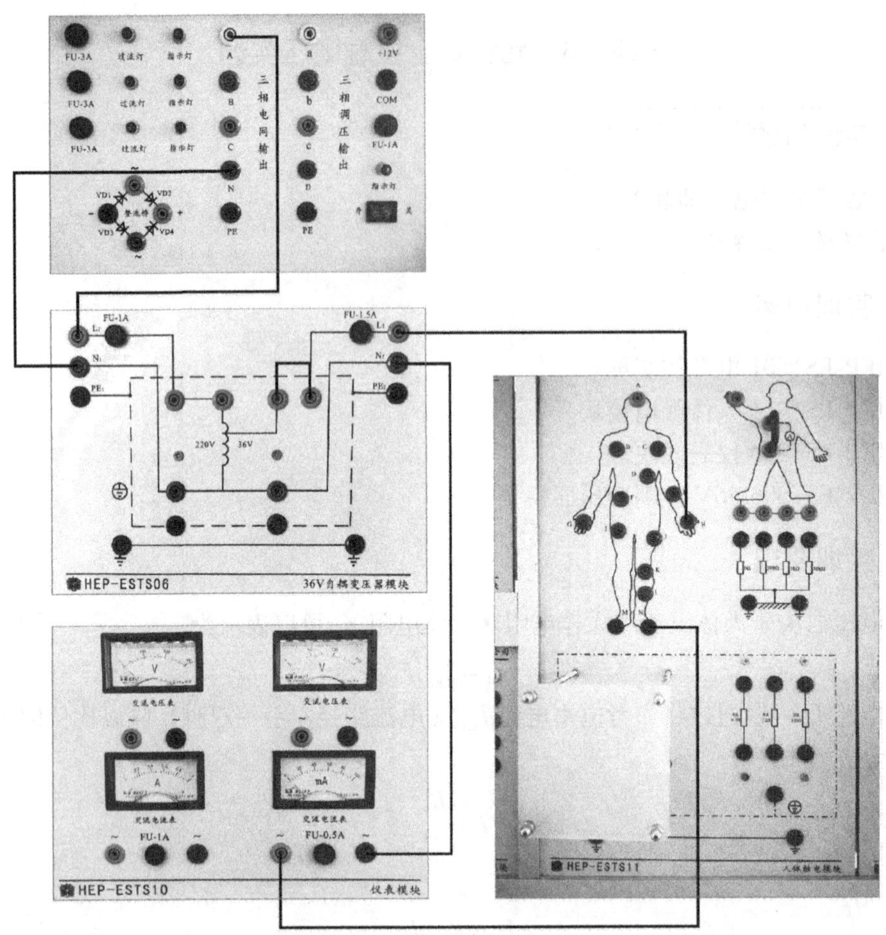

图 1-17　允许安全接触电压接线图

表 1-5　36V 电压的电击电流测量

电流切入点	电流离开点	I_{kref}/mA	I_k/mA	$F_1=I_{kref}/I_k$
左手	双脚	13.3		
左手	左脚	13.3		
左手	右脚	13.3		
左手	右手	33.3		
右手	右脚	18.2		
右手	右手	18.2		
右手	胸	10.2		

7）根据所得 F_1 和 F_2 并结合相关公式，计算人体接触电压 U_B，得出最小值，即

$$U_B=Z_{kref}I_{kref}\frac{F_2}{F_1}$$

五、技能评价

允许安全接触电压实训评价见表 1-6。

表 1-6 允许安全接触电压实训评价表

培训专业		姓名		指导教师		总分	
考核时间		实际时间	自 时 分起至 时 分止				
任务	配分	考核内容	评分标准	学生自评	小组互评	教师评价	得分
模块选择	30 分	1. 能按不同用途选用合适模块 2. 选择合适的测量模块或测量用仪表	1. 按用途选择模块不正确，扣 5 分 2. 选择模块少一个扣 2 分 3. 选择模块多一个扣 2 分				
插接线连接	30 分	1. 熟识电路接线图 2. 辨别电源和接地线是否正确	1. 接线每错一根，扣 3 分 2. 电源线、接地线辨别错误，扣 3 分				
电路测试	30 分	1. 测量仪表挡位选择是否正确 2. 安全电压对人体的影响 3. 测试不同部位的电击电流	1. 测量仪表使用不正确，扣 3 分 2. 测试数据不正确，扣 3 分				
安全文明生产	10 分	1. 工具摆放、工作台清洁、余废料处理 2. 严格遵守操作规程	1. 工具摆放不整齐，扣 3 分 2. 工作台清理不净，扣 3 分 3. 违章操作，视情节扣分				

教师签名：

实训 1-4 跨步电压实训

一、实训目的

1）熟悉安全用电实训装置。

2）提高学生的实训动手能力和分析能力。

3）掌握电势阱和跨步电压的基本知识。

二、实训设备

1）HEP-ESTS01 电源控制屏。

2）HEP-ESTS10 仪表模块。

3）HEP-ESTS05 跨步电压模块。

三、实训原理

1. 跨步电压

跨步电压是指电气设备发生接地故障时，在接地电流入地点周围电位分布区行走的人两脚之间的电压。此外也可定义为，当电气设备碰壳或电力系统一相接地短路时，电流从接地

极四散流出，在地面上形成不同的电位分布，人在走近短路地点时两脚之间的电位差。

当跨步电压达到 40~50V 时，将使人有触电危险，特别是跨步电压会使人摔倒进而加大人体的触电电压，甚至会使人发生触电死亡。

电势阱是储存信号电荷的电势分布状态。

2. 实训原理图

跨步电压原理图如图 1-18 所示。跨步电压接线图如图 1-19 所示。

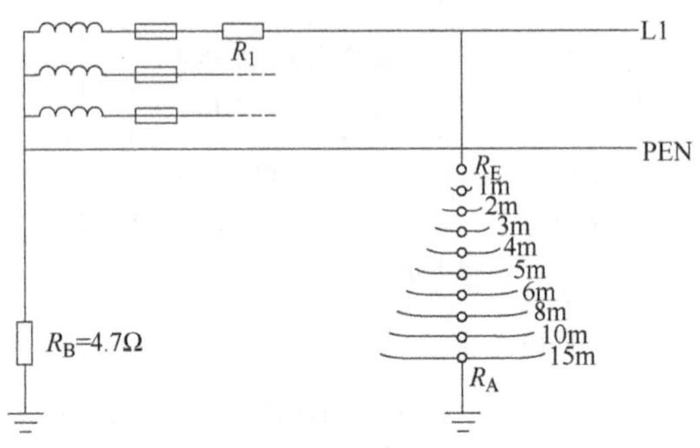

图 1-18　跨步电压原理图

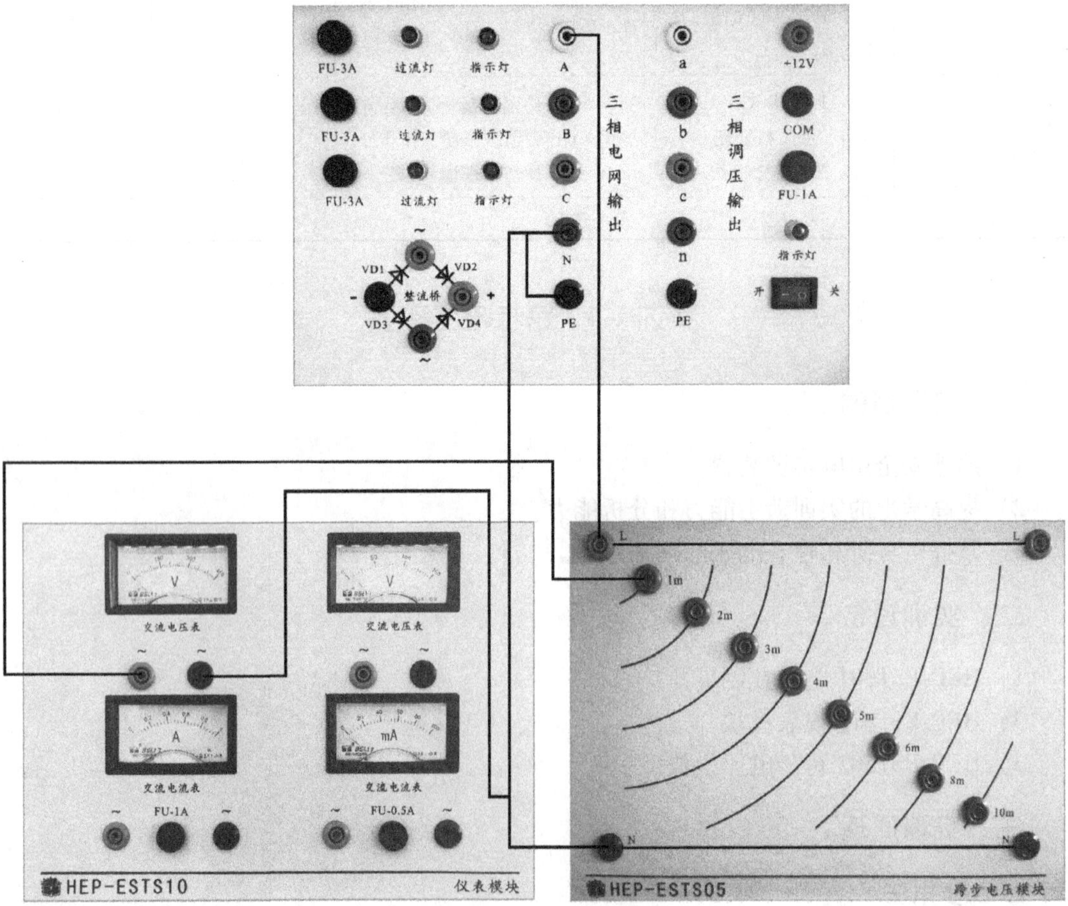

图 1-19　跨步电压接线图

四、实训内容

1）根据实训原理图组装电路。

2）完成电路装配后，根据表 1-7 以 R_E 为参考点完成测量。

表 1-7 测量与 R_E 不同距离的跨步电压

与 R_E 距离/m	0	1	2	3	4	5	6	8	10
U/V									

3）在坐标纸上画出电压-距离（U-D）曲线。

4）以 R_A 为参考点，重新测量电压，见表 1-8。

表 1-8 测量与 R_A 不同距离的跨步电压

与 R_A 距离/m	0	1	2	3	4	5	6	8	10
U/V									

5）在坐标纸上画出 U-D 曲线。

6）根据电势阱曲线确定跨步电压，总结实训结果，见表 1-9。

表 1-9 不同距离的跨步电压

步距	0-1	1-2	2-3	3-4	4-5	5-6	6-8	8-10
到参考点 R_A 的距离/m								
跨步电压 U/V								

五、技能评价

跨步电压实训评价见表 1-10。

表 1-10 跨步电压实训评价表

<table>
<tr><td colspan="2">培训专业</td><td></td><td>姓名</td><td></td><td>指导教师</td><td></td><td>总分</td><td></td></tr>
<tr><td colspan="2">考核时间</td><td></td><td>实际时间</td><td colspan="5">自　时　分起至　时　分止</td></tr>
<tr><td>任务</td><td>配分</td><td>考核内容</td><td>评分标准</td><td>学生自评</td><td>小组互评</td><td>教师评价</td><td colspan="2">得分</td></tr>
<tr><td>模块选择</td><td>30 分</td><td>1. 能按不同用途选用合适模块
2. 选择合适的测量模块或测量用仪表</td><td>1. 按用途选择模块不正确，扣 5 分
2. 选择模块少一个扣 2 分
3. 选择模块多一个扣 2 分</td><td></td><td></td><td></td><td colspan="2"></td></tr>
<tr><td>插接线连接</td><td>30 分</td><td>1. 熟识电路接线图
2. 辨别电源和接地线是否正确</td><td>1. 接线每错一根，扣 3 分
2. 电源线、接地线辨别错误，扣 3 分</td><td></td><td></td><td></td><td colspan="2"></td></tr>
</table>

（续）

任务	配分	考核内容	评分标准	学生自评	小组互评	教师评价	得分
电路测试	30分	1. 测量仪表挡位选择是否正确 2. 测量步幅为1m的跨步电压 3. 测量步幅达到4m的跨步电压	1. 测量仪表使用不正确，扣3分 2. 测试数据不正确，扣3分				
安全文明生产	10分	1. 工具摆放、工作台清洁、余废料处理 2. 严格遵守操作规程	1. 工具摆放不整齐，扣3分 2. 工作台清理不净，扣3分 3. 违章操作，视情节扣分				
教师签名：							

实训1-5　IT配电网触电实训

一、实训目的

1）熟悉安全用电实训装置。

2）熟悉IT供电网络的搭建。

3）了解IT配电网触电的原因和影响，并掌握IT配电网的触电保护措施。

二、实训设备

1）HEP-ESTS01电源控制屏。

2）HEP-ESTS11人体触电模块。

3）HEP-ESTS04配电网模块。

4）HEP-ESTS12 IT系统负载模块。

三、实训原理

1. IT系统介绍

IT系统的电源端所有带电部分不接地或有一点通过阻抗接地，电气设备外露可导电部分可直接接地，此接地点在电气上独立于电源端这也是保护接地。

在IT系统内：

1）电气装置带电导体与地绝缘，或电源的中性点经高阻抗接地。

2）所有的外露可导电部分和装置外导电部分经电气装置的接地极接地。

由于该系统出现第一次故障时故障电流小，电气设备金属外壳不会产生危险性的接触电压，因此可以不切断电源，使电气设备继续运行，并可通过报警装置及时检查，消除故障。

IT系统内发生第二次故障时应自动切断电源：当在另一相线或中性线上发生第二次故障时，必须快速切除故障。

2. 实训原理图

IT 配电网触电原理图如图 1-20 所示，IT 配电网触电接线图如图 1-21 所示，R_b 为人体电阻，Z 为阻抗，R_e 为接地电阻。

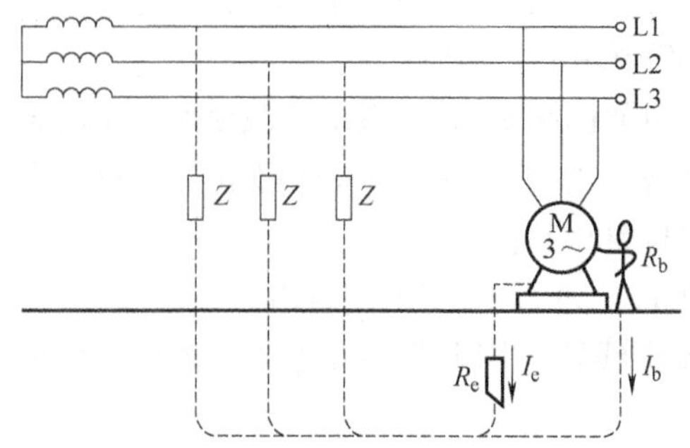

图 1-20　IT 配电网触电原理图

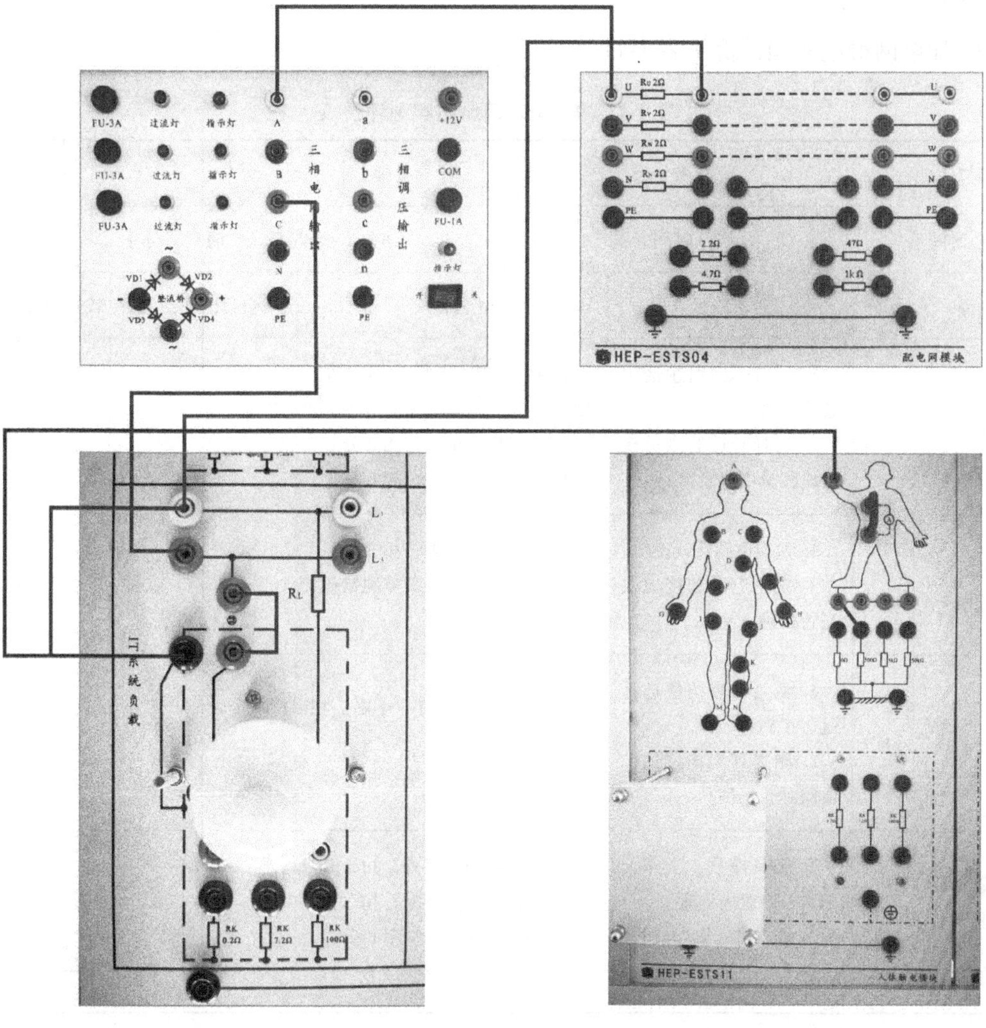

图 1-21　IT 配电网触电接线图

四、实训步骤

1）理解 IT 供电网络电路图，利用实训设备提供的组件接线。

2）电源控制屏三相电网 A（黄）与配电网模块左上角的黄色端子 U 相连接，卧箱三相电网 C（红）与 IT 系统负载模块的 L3 连接。

3）配电网模块左上角的黄色端子与 IT 系统负载模块的 L1 连接。

4）IT 系统负载模块虚线上的黑色端子与人体触电模块的手连接。

5）人体触电模块的脚与 500Ω 电阻连接。

6）利用 IT 系统负载模块，进行 IT 配电网触电。

7）按照图 1-21 连接实训线路，用电流表和电压表测定相应的数据，其中人在 a 处的接触电压为________。

8）对比电流表、电压表数值的差异，分析其差异的本质区别。

五、技能评价

IT 配电网触电实训评价见表 1-11。

表 1-11　IT 配电网触电实训评价表

培训专业		姓名		指导教师		总分	
考核时间		实际时间	自　时　分起至　时　分止				

任务	配分	考核内容	评分标准	学生自评	小组互评	教师评价	得分
模块选择	30 分	1. 能按不同用途选用合适模块 2. 选择合适的测量模块或测量用仪表	1. 按用途选择模块不正确，扣 5 分 2. 选择模块少一个扣 2 分 3. 选择模块多一个扣 2 分				
插接线连接	30 分	1. 熟识电路接线图 2. 辨别电源和接地线是否正确	1. 接线每错一根，扣 3 分 2. 电源线、接地线辨别错误，扣 3 分				
电路测试	30 分	1. 测量仪表挡位选择是否正确 2. 测试 IT 触电网保护电路是否正确	1. 测量仪表使用不正确，扣 3 分 2. 测试数据不正确，扣 3 分				
安全文明生产	10 分	1. 工具摆放、工作台清洁、余废料处理 2. 严格遵守操作规程	1. 工具摆放不整齐，扣 3 分 2. 工作台清理不净，扣 3 分 3. 违章操作，视情节扣分				
教师签名：							

实训 1-6 TT 配电网触电实训

一、实训目的

1）熟悉安全用电实训装置。
2）熟悉 TT 供电网络的搭建。
3）了解 TT 配电网触电的原因和影响，掌握 TT 配电网的触电保护措施。
4）掌握直接触电和间接触电的概念及电路分析。

二、实训设备

1）HEP-ESTS01 电源控制屏。
2）HEP-ESTS11 人体触电模块。
3）HEP-ESTS10 仪表模块。
4）HEP-ESTS04 配电网模块。
5）HEP-ESTS12 TT 系统负载模块。
6）HEP-ESTS09 漏电流和模拟地模块。

三、实训原理

1. TT 系统介绍

TT 系统也称三相四线制保护接地供电系统，其工作接地采用变压器的低压侧中性点直接接地，接地电阻不大于 4Ω。其保护方式是将用电设备的外露可导电部分通过独立的接地装置接地，叫保护接地，其接地电阻也不应大于 4Ω。其作用有三个：一是避免用电设备外壳因故障漏电时，造成接触电器的人员发生触电事故；二是消除用电设备金属外壳产生的静电；三是当用电设备发生短路性漏电时，通过保护接地使供电回路短路，短路电流使短路保护装置动作后，断开发生短路性漏电用电设备的电源。这种系统中性线没有保护作用。

2. 直接触电与间接触电的概念

直接触电是人体或动物触摸到带电物体。

间接触电是由于设备某一部分漏电而导致的触电现象，下面是间接触电中的相关参数定义：

1）工作电流：正常运转过程中流过电路的电流。
2）短路：由于短接故障而产生回路电阻可忽略的回路。
3）短路电流：在忽略电阻的带电物体之间由于漏电而产生的过载电流。
4）导电部分暴露故障：运行设备中由于带电部分碰触外壳而产生的漏电现象。
5）导体短路：在有一定电阻的回路中由于带电部件之间漏电而引发的故障。
6）故障电流：由于绝缘损坏而产生的漏电电流。
7）绝缘故障：绝缘电阻下降致使被绝缘的物体带有电压。

3. 电路原理图

（1）直接触电电路　直接触电电路原理图如图 1-22 所示，图 1-22 中 a、b 两点为人双手同时触摸，电压表显示直接触电电压。直接触电电路接线图如图 1-23 所示。

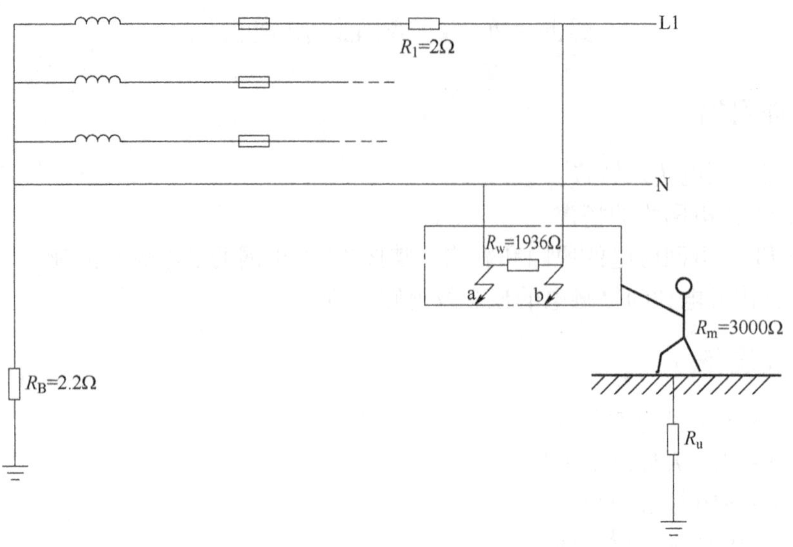

图 1-22　直接触电电路原理图

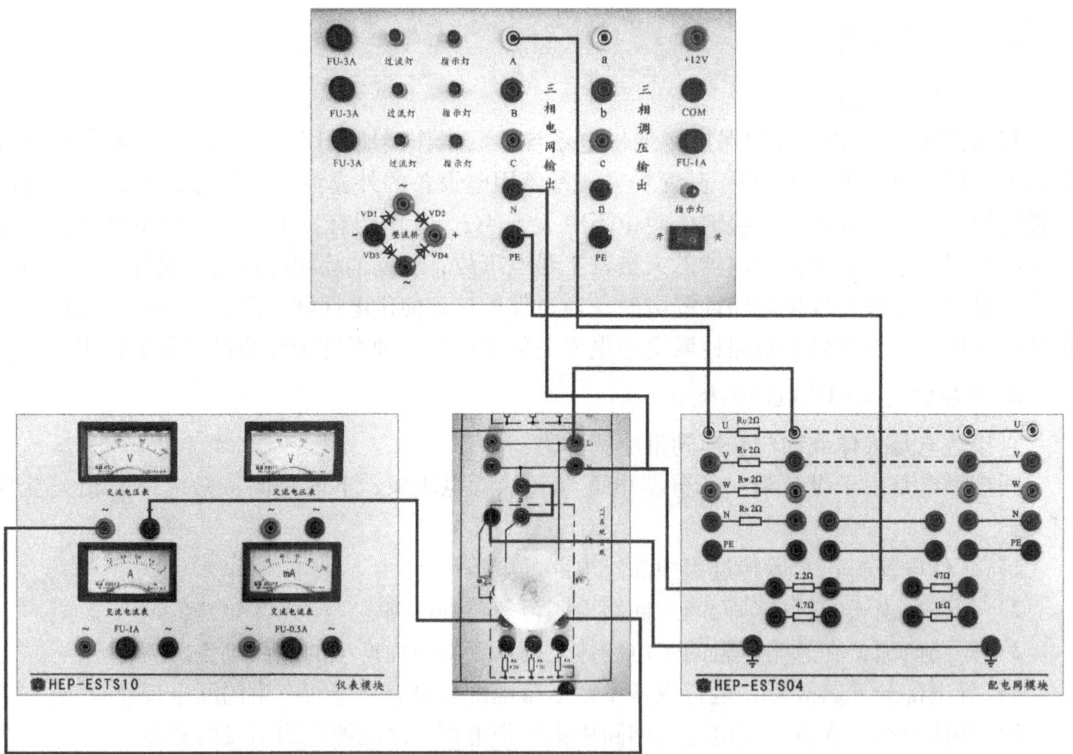

图 1-23　直接触电电路接线图

（2）间接触电电路　间接触电电路原理图如图 1-24 所示，间接触电电路接线图如图 1-25 所示。

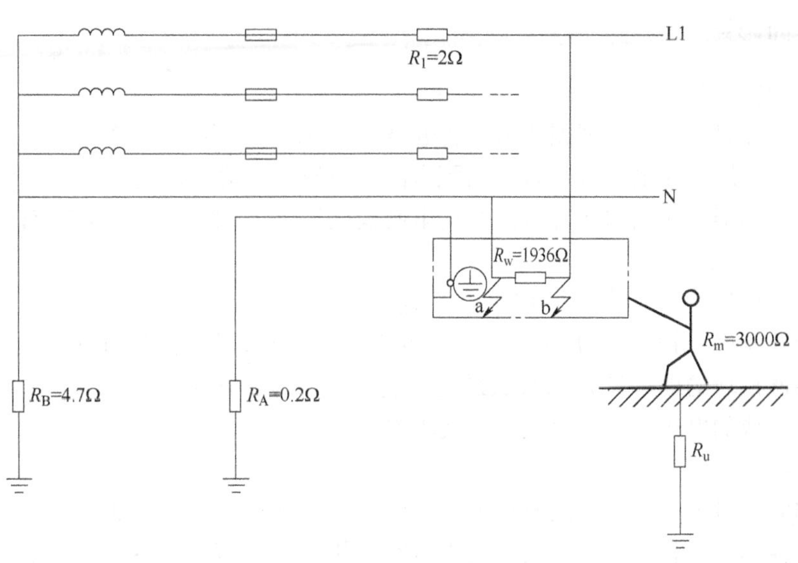

图 1-24 间接触电电路原理图

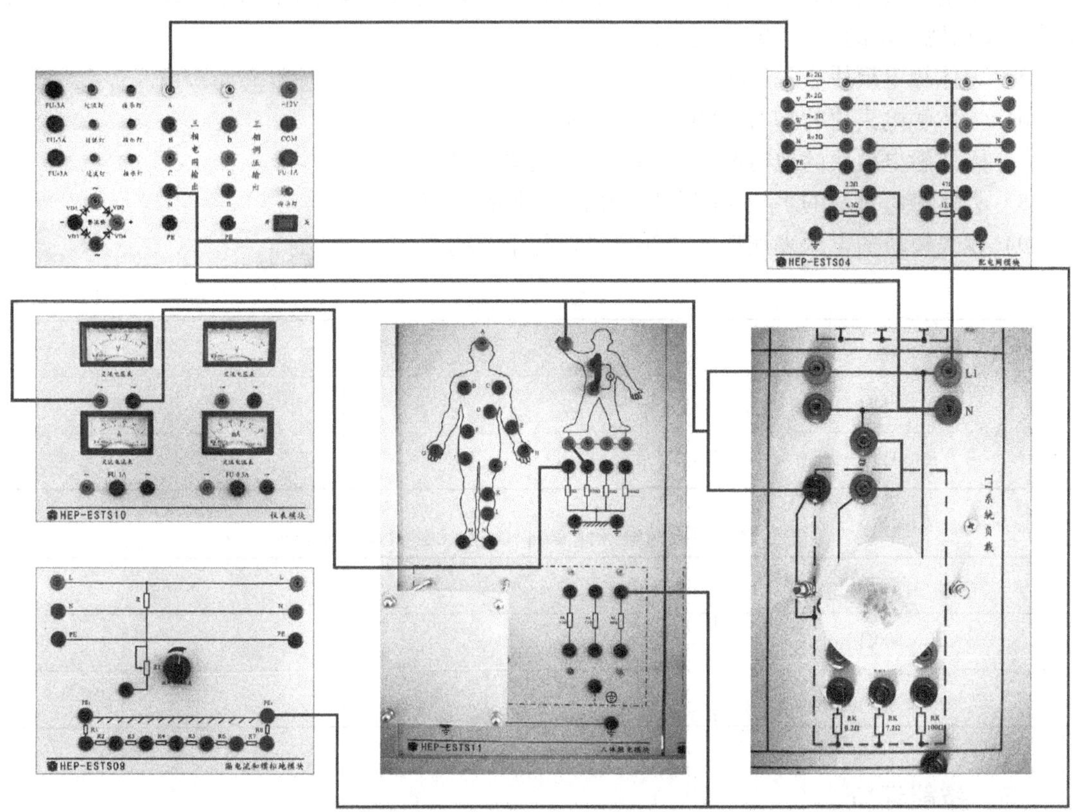

图 1-25 间接触电电路接线图

四、实训步骤

1. 直接触电

1）根据直接触电实训原理图所示组装电路并进行测量，见表 1-12。

2）电源控制屏三相电网 A（黄）与配电网模块的 U（黄）连接。

3）电源控制屏三相电网 N（蓝）与配电网模块的 2. 2（黑）和负载系统模块的N（蓝）连接。

4）配电网模块的 U（黄）与 L1（红）连接。

5）电源控制屏三相电网的 PE（黑）与配电网模块的 2. 2（黑）连接。

6）配电网模块的地（黑）与负载系统模块的地（黑）连接。

7）仪表模块的电压表连接负载系统模块的 R_W。

2. 间接触电

1）根据间接触电实训原理图所示组装电路并进行测量，见表 1-13。

2）电源控制屏三相电网 A（黄）与配电网模块的 U（黄）连接，和三相电网 N（蓝）与 TT 系统负载模块的 N（蓝）连接。

3）配电网模块的 U（黄）与 TT 系统负载模块的 L1（红）连接。

4）配电网模块的 2. 2（黑）与三相电网 N（蓝）连接，配电网模块的 2. 2（黑）与漏电流和模拟地模块的 PE（黑）连接。

5）人体触电模块心脏连接。

6）人体触电模块的脚与 500Ω 电阻连接。

7）人体触电模块的地与漏电流和模拟地模块的 PE1 连接。

8）人体触电模块的手与 TT 系统负载模块的 R_V 连接。

9）仪表模块的电压表连接人体触电模块的手与脚。

表 1-12　直接触电

项目	U_B/V	I_k/A
$R_u = 500\Omega$		
$R_u = 1\text{k}\Omega$		

表 1-13　间接触电（此实训有危险，建议谨慎操作）

项目	I_k/A	U_B/V
$R_u = 500\Omega$		
$R_u = 1\text{k}\Omega$		

五、技能评价

TT 配电网触电实训评价见表 1-14。

表 1-14　TT 配电网触电实训评价表

培训专业		姓名		指导教师		总分	
考核时间		实际时间	自　时　分起至　时　分止				
任务	配分	考核内容	评分标准	学生自评	小组互评	教师评价	得分
模块选择	30 分	1. 能按不同用途选用合适模块 2. 选择合适的测量模块或测量用仪表	1. 按用途选择模块不正确，扣 5 分 2. 选择模块少一个扣 2 分 3. 选择模块多一个扣 2 分				
插接线连接	30 分	1. 熟识电路接线图 2. 辨别电源和接地线是否正确	1. 接线每错一根，扣 3 分 2. 电源线、接地线辨别错误，扣 3 分				
电路测试	30 分	1. 测量仪表挡位选择是否正确 2. 测试 TT 触电网保护电路是否正确 3. 直接触电电路测试是否正确 4. 间接触电电路测试是否正确	1. 测量仪表使用不正确，扣 3 分 2. 测试数据不正确，扣 3 分				
安全文明生产	10 分	1. 工具摆放、工作台清洁、余废料处理 2. 严格遵守操作规程	1. 工具摆放不整齐，扣 3 分 2. 工作台清理不净，扣 3 分 3. 违章操作，视情节扣分				
教师签名：							

实训 1-7　TN-C 配电网触电实训

一、实训目的

1）熟悉安全用电实训装置。

2）熟悉 TN-C 供电网络的搭建。

3）了解 TN-C 配电网触电的原因和影响，掌握 TN-C 配电网的触电基本保护措施。

4）学习 TN-C 的故障分析方法。

二、实训设备

1）HEP-ESTS01 电源控制屏。

2）HEP-ESTS11 人体触电模块。

3）HEP-ESTS10 仪表模块。

4）HEP-ESTS12 TN-C 系统负载模块。

三、实训原理

1. TN-C 系统介绍

TN-C 系统由相线 L1、L2、L3，保护中性线 PEN 和变压器工作接地组成。这种制式的工作接地采用变压器的低压侧中性点直接接地，即电源三相绕组作星形联结，中性点直接接地，叫变压器的工作接地，其接地电阻一般应小于 4Ω，从中性点引出中性线 N。其保护方式是将用电设备的外露可导电部分与中性线相连接。本配电方式中的保护线 PE 与中性线 N 合并为 PEN 线，通常叫保护中性线。该系统具有简单、经济的优点。当发生用电设备漏电或绝缘击穿时，故障电流大，可采用过电流保护电器切断电源，保证使用电器人员的安全。

对于采用该系统单相负载及三相不平衡负载的电路，PEN 线总有电流流过，其产生的电压降，将会呈现在电气设备的金属外壳上，对敏感性电子设备不利。此外，PEN 线上微弱的电流在危险的环境中可能引起爆炸，所以有爆炸危险的环境中不能使用 TN-C 系统。

2. TN-C 网络中导电部分裸露引起的故障

TN-C 网络中导电部分裸露引起的故障原理图如图 1-26 所示，TN-C 网络中导电部分裸露引起的故障接线图如图 1-27 所示。

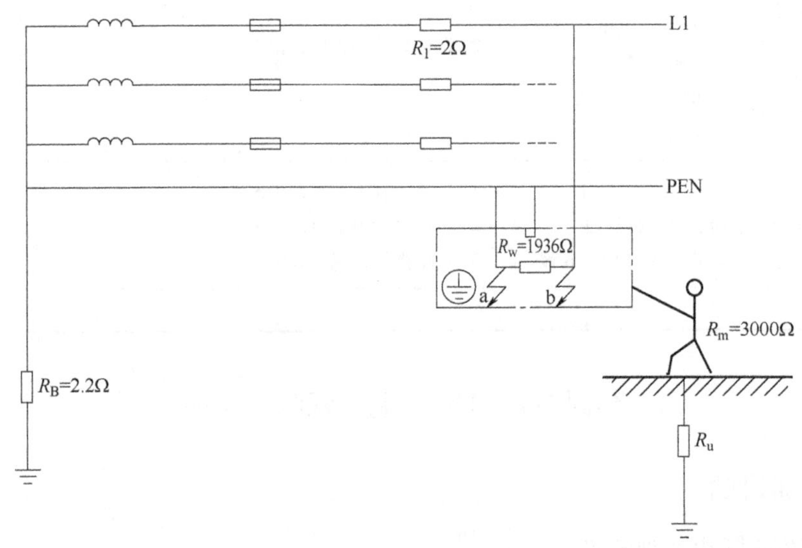

图 1-26 TN-C 网络中导电部分裸露引起的故障原理图

四、实训步骤

根据实训原理图所示组装电路并进行测量，见表 1-15。

1）电源控制屏三相电网的 A（黄）与配电网模块的 U（黄）连接。

2）配电网模块的 U（黄）与 TN-C 系统负载模块的 L1（红）连接。

3）配电网模块的 2. 2Ω 电阻（黑）与三相电网的 N（蓝）连接，三相电网的 N（蓝）与 TN-C 系统负载模块的 PEN（黑）连接。

4）配电网模块的 2. 2Ω 电阻（黑）与三相电网的 PE（黑）连接。

5）人体触电模块的心脏连接。

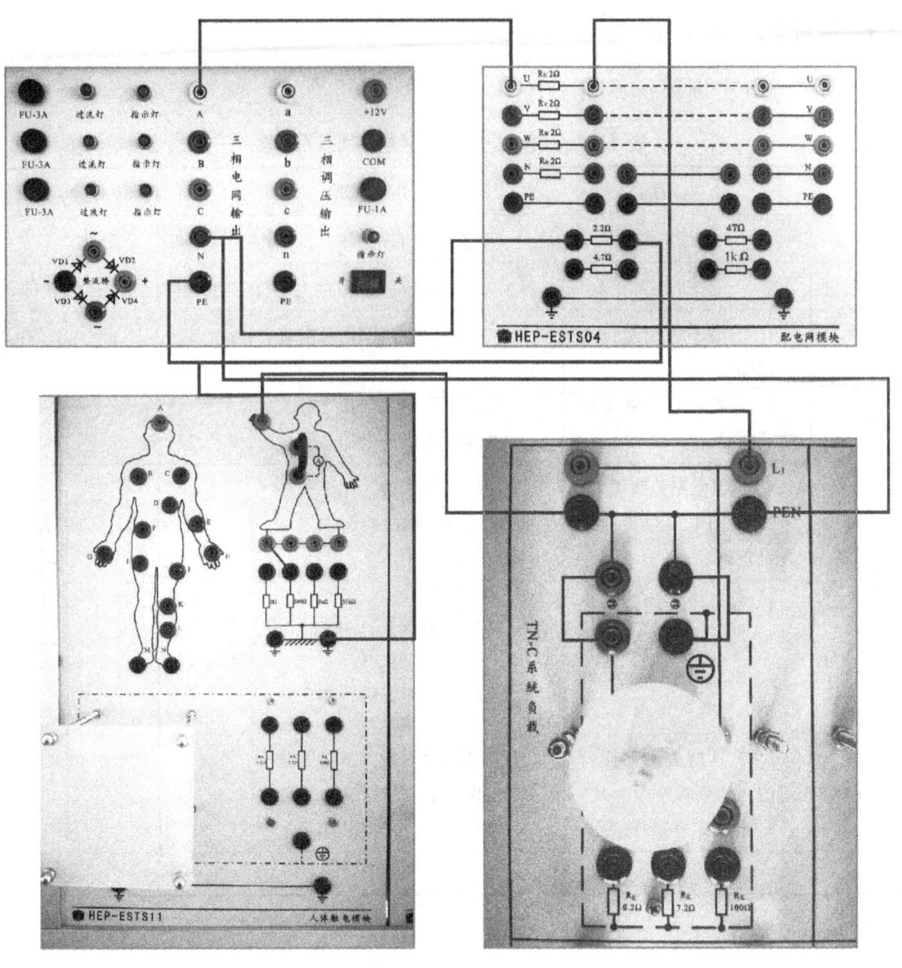

图 1-27 TN-C 网络中导电部分裸露引起的故障接线图

6）人体触电模块的脚与 500Ω 电阻连接。

7）人体触电模块的地与三相电网的 PE（黑）连接。

8）人体触电模块的手与 TN-C 系统负载模块的 PEN（黑）连接。

9）画出电路的等效电路图。

表 1-15 导电部位裸露故障点测量

R_B/Ω	R_u/Ω	导电部位裸露故障点	U_B/V	说明
2.2	220	—	0	—
2.2	220		0	—
4.7	100		0	—
2.2	220			
4.7	220			
4.7	10000			

五、技能评价

TN-C 配电网触电实训评价见表 1-16。

表 1-16　TN-C 配电网触电实训评价表

培训专业		姓名		指导教师		总分	
考核时间		实际时间	自　时　分起至　时　分止				
任务	配分	考核内容	评分标准	学生自评	小组互评	教师评价	得分
模块选择	30 分	1. 能按不同用途选用合适模块 2. 选择合适的测量模块或测量用仪表	1. 按用途选择模块不正确，扣 5 分 2. 选择模块少一个扣 2 分 3. 选择模块多一个扣 2 分				
插接线连接	30 分	1. 熟识电路接线图 2. 辨别电源和接地线是否正确	1. 接线每错一根，扣 3 分 2. 电源线、接地线辨别错误，扣 3 分				
电路测试	30 分	1. 测量仪表挡位选择是否正确 2. 测试 TN-C 触电网保护电路是否正确	1. 测量仪表使用不正确，扣 3 分 2. 测试数据不正确，扣 3 分				
安全文明生产	10 分	1. 工具摆放、工作台清洁、余废料处理 2. 严格遵守操作规程	1. 工具摆放不整齐，扣 3 分 2. 工作台清理不净，扣 3 分 3. 违章操作，视情节扣分				
教师签名：							

任务小结

通过本任务学习，了解电流对人身安全的危害、触电形式、电工基本安全知识、安全用电、接地概念和接地保护形式等基本知识，学会人体电阻、人体电击电流、允许安全接触电压、跨步电压、IT 系统、TT 系统、TN 系统等相关实训内容，掌握 IT 系统、TT 系统、TN 系统等不同配电网络的区别及适用场所。

任务 2　触电事故的断电操作训练

知识目标

1. 说出触电事故发生的现象。
2. 说出触电事故的断电方法。

3. 阐述触电事故的断电操作。

技能目标

1. 能在低压触电事故发生时，及时运用低压触电断电操作进行处理，使触电者脱离危险。

2. 能在高压触电事故发生时，及时运用告知供电部门停电和抛挂短路线断电方法进行处理，使触电者脱离危险。

素质目标

1. 在模拟触电事故时，严格规范操作，养成安全意识。

2. 在小组合作中培养团队合作精神。

知识链接

当发生触电事故时，抢救者必须保持冷静，不要惊慌失措，先尽快使触电者脱离电源，然后进行现场急救。使触电者脱离电源极其重要，触电时间越长危害越大。具体操作方法如下。

一、低压触电断电操作方法

1. 拉

触电地点附近有电源开关（断路器）或插座，可立即关闭电源开关（断路器）或拔出插头切断电源，如图 1-28 所示。

2. 切

当找不到电源开关（断路器）或距离太远，可用带绝缘套的钳子切断电源，如图 1-29 所示。

图 1-28　关闭电源开关

图 1-29　切断电源线

3. 挑

当电源线搭在触电者身上或被压在身下时，可用干燥木棍挑开电线，使触电者脱离电源，如图 1-30 所示。

4. 拽

当无法切断电源线时，可用绝缘手套、衣服、木板等拽开触电者，使其脱离电源，如

图 1-31 所示。

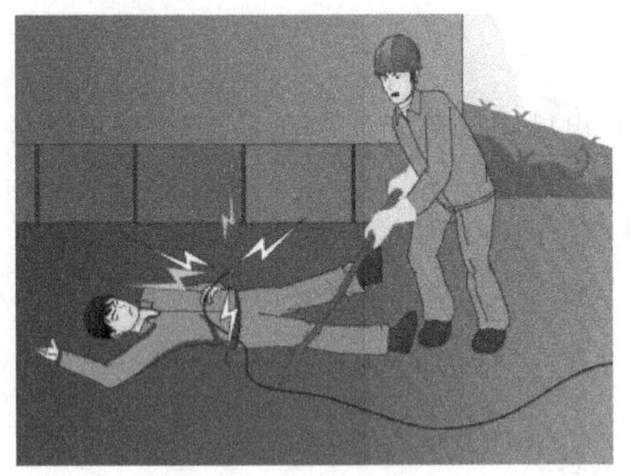

图 1-30　挑开电线

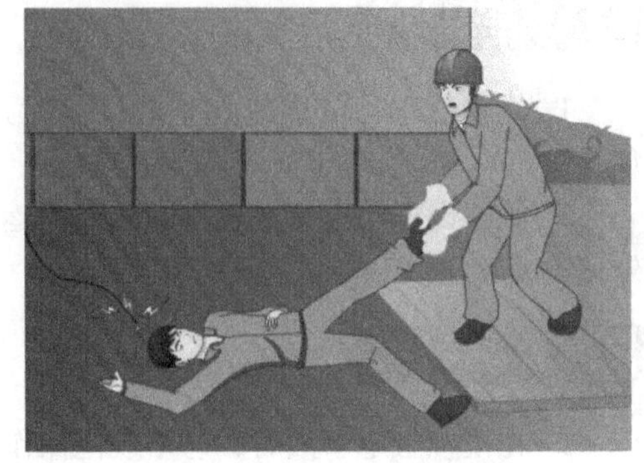

图 1-31　拽开触电者

二、高压触电断电操作方法

1）如果触电事故发生在高压设备上，应立即通知供电部门停电，如图 1-32 所示。

2）若触电事故发生在高压设备上，不能迅速切断电源开关，可采用抛挂截面足够大、长度适当金属裸铜线短路方法，使电源开关跳闸。抛挂前，将短路线一段固定在接地引线上，另一端系重物，再抛短路线时，应注意防止电弧伤人或断线伤及其他人员安全，如图 1-33 所示。

图 1-32　通知供电部门停电

图 1-33　抛挂短路线断电

技能训练

实训 1-8　故障电流断路器漏电保护实训

一、实训目的

1）熟悉安全用电实训装置。

2）掌握故障电流断路器的设计和功能。

3）提高学生的实训动手能力和数据分析能力。

二、实训设备

1）HEP-ESTS01 电源控制屏。

2）HEP-ESTS11 人体触电模块。

3）HEP-ESTS03 漏电断路器模块。

4）HEP-ESTS10 仪表模块。

5）HEP-ESTS09 漏电流和模拟地模块。

6）HEP-ESTS07 36V 隔离变压器模块。

7）HEP-ESTS12 负载系统模块。

三、实训原理

1. 故障电流断路器的功能

故障电流断路器中最重要的组件是电流互感器（用隔离变压器和电位器模拟电流互感器状态）。相线和中性线中的所有电流都通过此装置。无漏电故障时，流经互感器的电流会形成磁场，电流再反方向流回时，此磁场恰好被抵消。若没有维持电流平衡，就会诱发电流互感器二次侧产生电压。故障漏电电流超出了额定范围，保护装置会自动跳闸。自动跳闸必须通过电流互感器的诱发电压产生（例如 LS-DI 系统中，不允许使用辅助电压）。如果使用高灵敏度故障电流断路器（额定漏电动作电流 $I_{\Delta N}=30\text{mA}$），二次电路中通常会使用电容器，和跳闸线圈共同构成谐振电路，由此防止反击电压的产生。可以用测试按钮试验电流互感器二次绕组的作用。

2. 实训原理图

故障电流断路器漏电保护电路原理图如图 1-34 所示，故障电流断路器漏电保护电路接线图如图 1-35 所示。

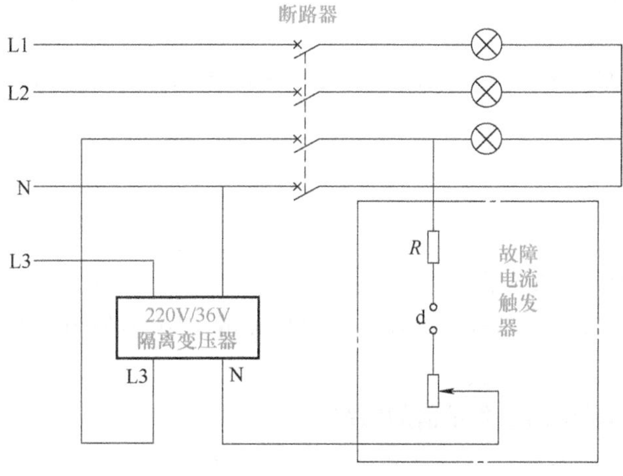

图 1-34　故障电流断路器漏电保护电路原理图

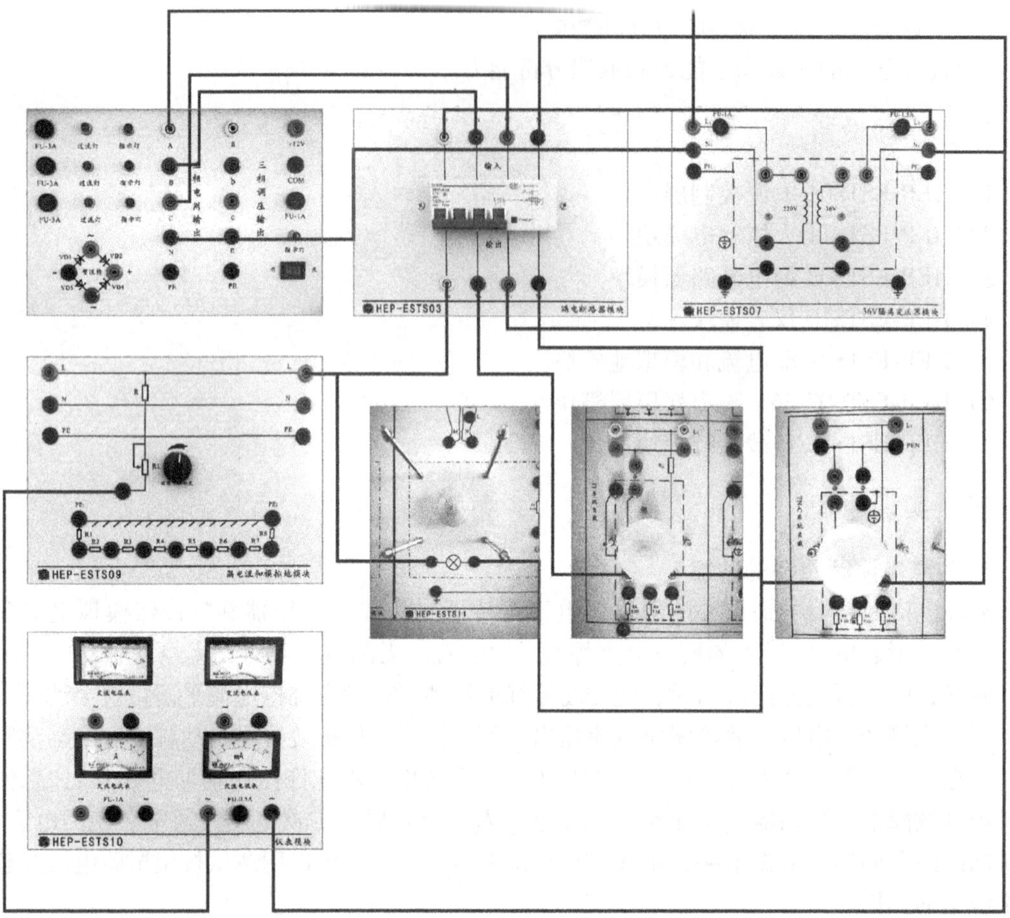

图 1-35　故障电流断路器漏电保护电路接线图

注意：

1）故障电流断路器的关断动作电流在一个小范围内存在一定误差，实训中故障电流断路器必须跳闸。

2）故障电流断路器只是在一定范围内对短路进行保护，所以必须确保后备熔断器与之匹配并起保护作用。

四、实训步骤

1）根据实训原理图连接电路。

2）调节电位器电阻值为 1kΩ，连接 d 点的跨接桥，慢慢减少电阻并读取故障电流断路器的关断电流值：$I=I_{\Delta N}=$________。

3）在相应的坐标系中画出测量值的曲线。

五、技能评价

故障电流断路器漏电保护实训评价见表 1-17。

表 1-17 故障电流断路器漏电保护评价表

培训专业			姓名			指导教师		总分	
考核时间			实际时间	自　时　分起至　时　分止					
任务	配分	考核内容		评分标准		学生自评	小组互评	教师评价	得分
模块选择	30 分	1. 能按不同用途选用合适模块 2. 选择合适的测量模块或测量用仪表		1. 按用途选择模块不正确，扣 5 分 2. 选择模块少一个扣 2 分 3. 选择模块多一个扣 2 分					
插接线连接	30 分	1. 熟识电路接线图 2. 辨别电源和接地线是否正确		1. 接线每错一根，扣 3 分 2. 电源线、接地线辨别错误，扣 3 分					
电路测试	30 分	1. 测量仪表挡位选择是否正确 2. 测试故障电流断路器漏电保护电路是否正确		1. 测量仪表使用不正确，扣 3 分 2. 测试数据不正确，扣 3 分					
安全文明生产	10 分	1. 工具摆放、工作台清洁、余废料处理 2. 严格遵守操作规程		1. 工具摆放不整齐，扣 3 分 2. 工作台清理不净，扣 3 分 3. 违章操作，视情节扣分					
教师签名：									

实训 1-9 交流漏电保护实训

一、实训目的

1）熟悉安全用电实训装置。

2）提高学生的实训动手能力和分析能力。

3）了解交流电流对故障电流断路器特性的影响。

二、实训设备

1）HEP-ESTS01 电源控制屏。

2）HEP-ESTS03 漏电断路器模块。

3）HEP-ESTS09 漏电流和模拟地模块。

4）HEP-ESTS07 36V 隔离变压器模块。

5）HEP-ESTS11 人体触电模块。

6）HEP-ESTS10 仪表模块。

三、实训原理

1. 故障电流为交流电流

使用交流电源或交流元器件时，漏电是一种不可避免的现象，常给用电安全带来隐患。

本实训原理同实训 8，只是将故障电流由脉动直流电流变换为交流电流。

2. 实训原理图

交流漏电保护电路原理图如图 1-36 所示，交流漏电保护电路接线图如图 1-37 所示。

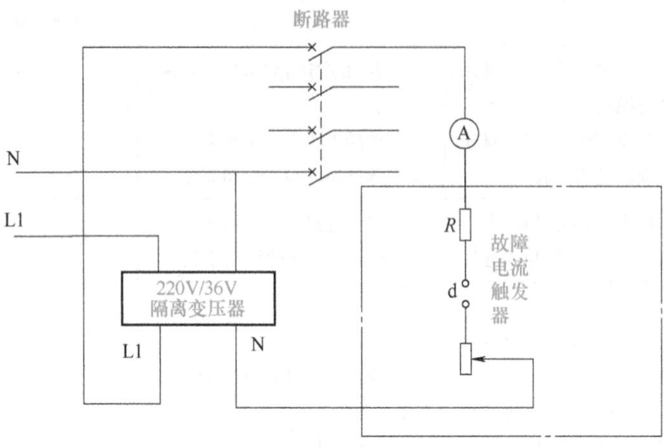

图 1-36　交流漏电保护电路原理图

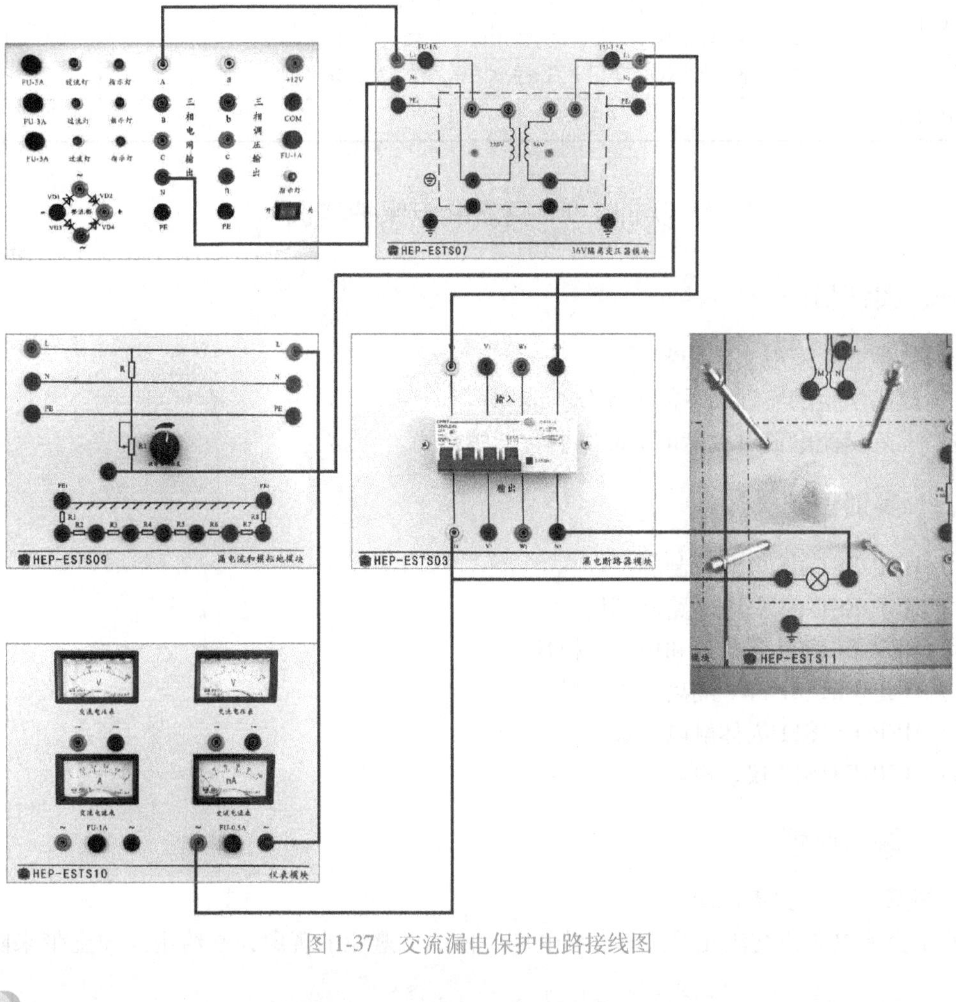

图 1-37　交流漏电保护电路接线图

四、实训步骤

1）根据实训原理图组装电路。

2）接入漏电流和模拟地模块，选择仅有电阻的电路回路，此时产生的故障电流即为交流电流。

3）测定脱扣电流并总结断路器的动作特性。

4）根据故障电流断路器的跳闸脱扣实训结果，推断出交流故障电流曲线的变化规律。

五、技能评价

交流漏电保护实训评价见表1-18。

表1-18 交流漏电保护实训评价表

培训专业		姓名		指导教师		总分	
考核时间		实际时间	自　时　分起至　时　分止				
任务	配分	考核内容	评分标准	学生自评	小组互评	教师评价	得分
模块选择	30分	1. 能按不同用途选用合适模块 2. 选择合适的测量模块或测量用仪表	1. 按用途选择模块不正确，扣5分 2. 选择模块少一个扣2分 3. 选择模块多一个扣2分				
插接线连接	30分	1. 熟识电路接线图 2. 辨别电源和接地线是否正确	1. 接线每错一根，扣3分 2. 电源线、接地线辨别错误，扣3分				
电路测试	30分	1. 测量仪表挡位选择是否正确 2. 测试交流漏电保护电路是否正确	1. 测量仪表使用不正确，扣3分 2. 测试数据不正确，扣3分				
安全文明生产	10分	1. 工具摆放、工作台清洁、余废料处理 2. 严格遵守操作规程	1. 工具摆放不整齐，扣3分 2. 工作台清理不净，扣3分 3. 违章操作，视情节扣分				
教师签名：							

任务小结

通过本任务的学习，了解触电事故发生的现象及触电事故的断电方法，掌握低压和高压触电事故的断电操作方法。

任务3　触电急救操作训练

知识目标

1. 了解触电者伤情诊断方法。
2. 说出人工呼吸抢救操作方法。
3. 说出胸外心脏按压操作方法。

技能目标

1. 能完成人工呼吸抢救操作。
2. 能完成胸外心脏按压操作。

素质目标

1. 在触电急救时，严格规范操作，养成安全意识。
2. 在小组合作中培养团队合作精神。

知识链接

触电急救的要点是动作迅速、救护得法，一旦发生触电现象先让触电者脱离电源，根据触电者的情况，进行简单伤情诊断，迅速对症救护。

一、伤情诊断方法

一旦发生触电事故，先将触电者移至通风干燥处，使其仰卧，松开上衣并解开腰带，立即判断其是否有呼吸、心跳，瞳孔是否变大。

检查方法：把手放在触电者鼻孔处，检查有无气体流动，以此判断是否有呼吸；再用手触摸颈动脉，检查有无搏动，以此判断触电者情况。大致分为三种不同的假死现象，一是心脏停止跳动但有呼吸，二是心脏跳动但呼吸停止，三是心脏停止跳动和呼吸停止。

二、对症救护方法

根据伤情的简单诊断，可分4种紧急救护方法。

1）伤势不重、神志清醒，但有些心慌、四肢发麻或全身发麻的触电者应使其安静休息、严密观察，并拨打急救电话120送医院诊治，如图1-38所示。

2）伤势严重，无知觉、无呼吸，但有心跳，应采用口对口的人工呼吸法抢救，如图1-39所示。

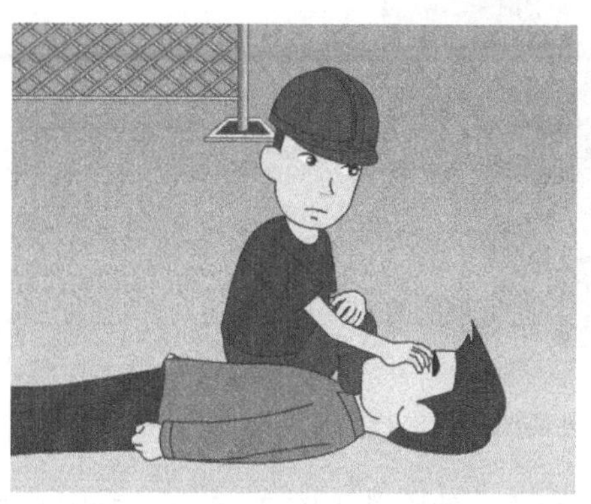

图 1-38 触电者神志清醒抢救

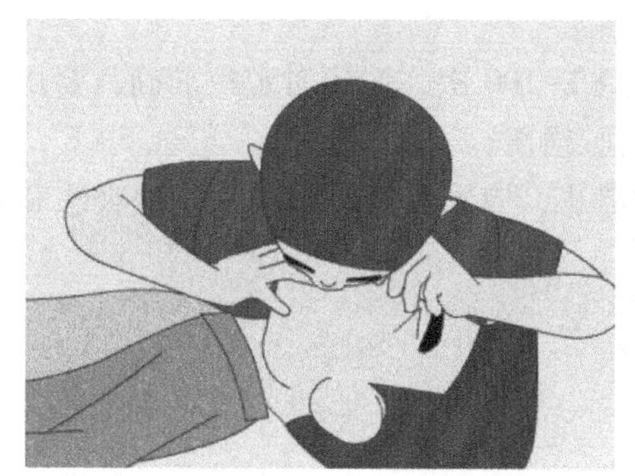

图 1-39 口对口人工呼吸法抢救

口对口人工呼吸法
抢救操作方法

口对口人工呼吸抢救操作方法：

① 将触电者仰卧，清除口腔中的血块、异物、假牙等，如果舌根下陷，应将其拉出来，使呼吸道畅通，同时解开衣领，拉开身上紧身衣服，使胸部可以自由扩张。

② 抢救者站在触电者一侧，一只手紧捏触电者的鼻孔，并用该手掌的外缘压住其额部，另一只手托着触电者的颈后，将颈部略向上抬，一般触电者的嘴巴都能自动张开，准备接受吹气。

③ 口对口吹气。抢救者做深呼吸 2~3 次后，口张大严密包绕触电者的口并向其大口吹气，吹气后松开双侧鼻孔。同时观察其胸部有没有隆起，以决定吹气是否有效。

④ 吹气完毕，立即离开触电者的口腔，待触电者胸部自动回缩，可达到呼气目的。

⑤ 按照上述步骤不断进行人工呼吸抢救，每分钟 12 次。每次吹气的速度要均匀，直到触电者能自行呼吸为止。

3）伤势严重，无知觉、有呼吸，但心脏停止跳动，应采用胸外心脏按压法抢救，如图 1-40 所示。

胸外心脏按压法抢救操作方法：

① 触电者仰卧，姿势与口对口人工呼吸法相同，但后背着地处须结实。

② 抢救者位于触电者一边，两手相叠，用掌根按压触电者胸骨中下三分之一处，掌根所在的位置即正确压区。

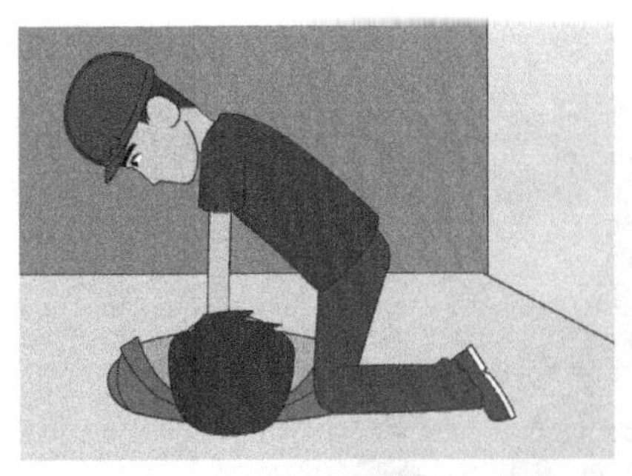

图 1-40　胸外心脏按压法抢救

人工胸外心脏按压法抢救操作方法

③ 抢救者垂直用力向下按压，使胸部下陷 3~5cm，按压心脏以达到排血作用，然后突然放松按压（注意手掌不要离开胸部）。依靠胸部的弹性自动恢复原状，心脏扩张，大静脉血液就能回流到心脏。

按照上述步骤连续不断地进行操作，每分钟 80~100 次，按压时定位准确，要用适当的压力，但不得过于粗猛，避免造成肋骨骨折，内脏损伤。

4）伤势严重，无知觉、心脏跳动和呼吸均停止，应采用口对口的人工呼吸法和胸外心脏按压法交替抢救，如图 1-41 所示。

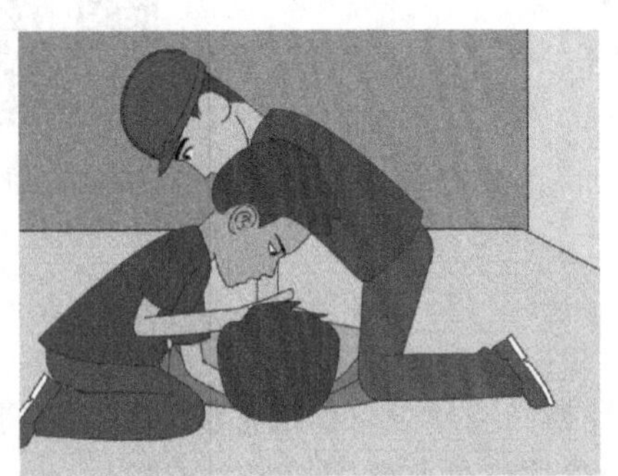

图 1-41　触电者无呼吸、无心跳抢救

触电者无呼吸、无心跳抢救操作方法

技能训练

实训 1-10　触电急救操作实训

一、实训目的

1）掌握触电急救的基本知识。

2）掌握人工呼吸法操作方法。

3）掌握胸外心脏按压法操作方法。

二、实训器材

模拟橡皮人 1 个，秒表 1 块。

三、实训内容及步骤

根据假定的触电者假死症状，选择合适的急救方法。

1）若触电者有呼吸而心脏停跳，则应选择胸外心脏按压法。

具体操作步骤如下：

把模拟触电者的橡皮人放在结实坚硬的地板上，使触电者四肢伸直，保持仰卧，救护者两腿跨跪于触电者胸部两侧，先找到正确的按压点，然后两手叠压，迅速开始施救。

若没有模拟橡皮人，可将学生分成两人一组，进行胸外心脏按压法的急救练习。胸外按压时，操作频率要适当，定位必须准确，压力要适当（压陷3~5cm为宜）。

2）若触电者无呼吸而有心脏跳动，则应选择人工呼吸法。

具体操作如下：

把模拟触电者的橡皮人放在结实坚硬的地板上，使触电者四肢伸直，保持仰卧，清除口腔中的血块、异物、假牙等，如果舌根下陷，应将其拉出来，使呼吸道畅通，同时解开衣领，拉开身上紧身衣服，使胸部可以自由扩张。抢救者站在触电者一侧，一只手紧捏触电者的鼻孔，并将该手掌的外缘压住其额部，另一只手托着触电者的颈后，将颈部略向上抬，一般触电者的嘴巴都能自动张开，准备接受吹气，一般每5s吹气一次。

若没有模拟橡皮人，可将学生分成两人一组，进行口对口人工呼吸法练习。

四、技能评价

触电急救操作实训评价见表1-19。

表1-19 触电急救操作实训评价表

<table>
<tr><td>培训专业</td><td colspan="2"></td><td>姓名</td><td></td><td>指导教师</td><td></td><td>总分</td><td></td></tr>
<tr><td>考核时间</td><td colspan="2"></td><td>实际时间</td><td colspan="5">自　　时　　分起至　　时　　分止</td></tr>
<tr><td>任务</td><td>配分</td><td>考核内容</td><td colspan="2">评分标准</td><td>学生自评</td><td>小组互评</td><td>教师评价</td><td>得分</td></tr>
<tr><td>伤情诊断</td><td>40分</td><td>1. 根据触电事故情况对伤情进行诊断
2. 判断触电者是否有呼吸、心跳，瞳孔是否变大</td><td colspan="2">1. 按伤情诊断方法对触电者进行伤情诊断，方法不正确，扣5分
2. 判断错误，每少一项扣2分</td><td></td><td></td><td></td><td></td></tr>
<tr><td>对症救护</td><td>60分</td><td>1. 口对口人工呼吸姿势是否正确
2. 口对口人工呼吸速度、节奏是否正确
3. 胸外心脏按压位置是否准确
4. 胸外心脏按压姿势、频率是否正确
5. 两人同时配合抢救是否默契</td><td colspan="2">1. 口对口人工呼吸姿势不正确，扣3分
2. 口对口人工呼吸速度、节奏不正确，扣3分
3. 胸外心脏按压位置不准确，扣3分
4. 胸外心脏按压姿势、频率不正确，扣3分
5. 两人同时配合抢救不默契，扣3分</td><td></td><td></td><td></td><td></td></tr>
<tr><td colspan="9">教师签名：</td></tr>
</table>

任务小结

通过本任务的学习，了解触电事故发生时的诊断处理方法，掌握触电事故发生时对触电者触电急救的操作方法。

任务4　电气火灾应急处理训练

知识目标

1. 说出电气火灾产生的原因。
2. 了解电气火灾的预防措施。
3. 说出电气火灾的消防操作。

技能目标

能完成电气火灾的消防操作。

素质目标

1. 在电气火灾急救时，严格规范操作，养成安全意识。
2. 在小组合作中培养团队合作精神。

知识链接

一、引起电气火灾的原因

电气火灾就是指由于电气设备和线路故障所引起的火灾，造成电气火灾的主要原因有以下几种。

1. 漏电

电气设备和线路由于风吹、雨淋、日晒、受潮、碰压、划破、摩擦、腐蚀等原因使其绝缘性能下降，导致线与线、线与外壳之间部分电流泄露，泄露的电流在流入大地时，如果电阻较大，会产生局部高温，致使附近的可燃物着火，引起火灾。

2. 短路

导线选择不当、绝缘老化、安装不当等原因都可造成电路短路。发生短路时，其短路电流比正常电流大许多倍，由于电流的热效应，会产生大量的热量，轻则降低绝缘层的使用寿命，重则引起电气火灾。除此之外，电源过电压、小动物跨接在裸线上、人为乱拉乱接线路、架空线松弛碰撞等都可造成短路。

3. 过载

不同规格的导线，允许通过的电流都有一定的范围。在实际使用中，流过导线的电流如果大大超过允许值，就会过载。过载会产生高热，这些热量如果不及时散发，就有可能使导线的绝缘层损坏，引起火灾。

产生过载的主要原因是导线截面选择不当，如“小马拉大车”，即在线路中接入过多的大功率设备，超过了配电线路的负载能力。

此外，电气设备在工作时产生的火花和电弧都会引起可燃物燃烧而导致电火灾。特别是在油库、乙炔站、电镀车间及有易燃物体的场所，一个不大的电火花都有可能引起燃烧或爆炸，造成严重的伤亡和损失。

二、安全用电的预防措施

在供电及用电过程中必须注意安全用电，无数的事故教训告诉人们，思想麻痹大意都是造成人身触电事故的主要因素。安全用电必须要做到以下几点。

1）合理选用导线和熔丝。导线通过电流时不能过热，导线的额定电流应大于实际工作电流。熔丝的作用是短路和严重过载保护，熔丝的选择应符合规定的容量，不得以金属导线代替。

2）若发现电源线插头或电线有损坏应立即更换。严禁乱拉临时电线，如需要则要用专用橡皮绝缘线而且不低于 2.5m，用后应立即拆除。拆除后不应留有带电导线，如需保留，应做好绝缘。

3）尽量避免带电操作，湿手更应禁止带电操作。

4）不得带电移动电器设备；将带有金属外壳的电气设备移至新的位置时，首先要安装接地线，检查设备完好后，才能使用。

5）所有电气设备、仪器仪表、电气装置、电动工具，要带有保护接地装置。严禁用湿手去碰灯头、开关、插头。

6）不得靠近落地电线。对于落地的高压线更应远离落地点 10m 以上，以免跨步触电。

7）当电器设备起火时，应立即切断电源，并用干粉灭火器进行扑灭。

8）电气设备和电源应有专人负责，定期检查，并做好记录，发现问题及时解决。

安全用电的八个要点要记牢，并在操作过程中严格遵守。对于不熟悉的电器设备应做到先检查是否带电、是否存在安全隐患，然后再进行使用。

三、电气消防知识

在电气设备、电缆等发生火灾时，应采用以下措施：

1）发现电气设备或电线电缆等火灾现象时，应及时切断电源。

2）使用专用灭火器，如二氧化碳灭火器、干粉灭火器、1211 灭火器、泡沫灭火器，如图 1-42 所示，其用途如下：

① 二氧化碳灭火器：适用于扑灭精密仪器、电子设备、600V 以下电器初起火灾。

② 干粉灭火器：适用于扑灭油类、可燃气体、电气设备等初起火灾。

③ 1211 灭火器：适用于扑灭油类、仪器及文物档案等贵重物品的初起火灾。

④ 泡沫灭火器：适用于扑灭油类、一般物品的初起火灾。

图 1-42 电气火灾应急处理

3）灭火时应避免身体或灭火工具触及导线或电气设备。

4）若不能及时灭火应立即拨打 119 报警。

任务小结

通过本任务的学习，了解电气火灾产生的原因，掌握安全用电预防措施及电气火灾应急处理方法。

思考与练习

一、填空题

1. 触电形式可分为________、________、________、________。

2. 保护线（PE 线）的功能是________________________。

3. 接地就是________设备或装置的________（也叫________）与________之间有着________又符合技术要求的电连接。

4. 低压线路中，两导线间或导线对地间的绝缘电阻不小于________。

5. 电路的三种状态为________、________和________。

6. 当发现有人触电时，首先要做的是________。

7. 人体是________体，当皮肤潮湿时，人体电阻变________，触电的危险性更大，所以在使用电器和维修电路时，应保持人体的________。

8. 触电的可能形式有________、________和________。家庭用电中常见的触电方式是________触电，它又可分为________触电和________触电。

二、选择题

1. TN 系统分为（　　）种方式。

A. 一　　B. 二　　C. 三　　D. 四

2. 保护接地系统属于（　　）系统。

A. TN-S B. TN-C C. TT D. IT

3. 在 TN 系统中，N 线表示（ ）。

A. 相线 B. 中性线 C. 保护零线 D. 地线

4. 重复接地的安全作用不包括（ ）。

A. 改善架空线路的防雷性能

B. 降低漏电设备的对地电压

C. 减轻中性线断开的危险

D. 减轻线路过载的危险

5. 三相四线接地保护系统，属于（ ）系统。

A. IT B. TT C. TN-C D. TN-C-S

6. 在三相四线 TN-C 配电网中，PEN 线表示（ ）。

A. 保护中性线 B. 中性线 C. 相线 D. 保护地线

7. 在 TN-S 配电系统中，N 线表示（ ）。

A. 相线 B. 中性线 C. 保护中性线 D. 保护地线

三、简答题

1. 简述触电的形式。
2. 安全用电应注意哪些问题?
3. 什么叫重复接地?
4. 分析 TN-C 系统安全性。
5. 简述口对口人工呼吸法的操作要点。
6. 简述胸外心脏按压法的操作要点。
7. 简述电气火灾产生的原因。

项目2

电工基本操作

任务1 常用电工工具的使用

知识目标

1. 了解电工工具的功能、结构。
2. 说出电工工具的使用方法。
3. 说出电工工具使用要领及注意事项。

技能目标

能学会电工工具的操作方法。

素质目标

1. 在使用电工工具时，严格规范操作，养成安全意识。
2. 在小组合作中培养团队合作精神。

知识链接

电工工具的种类很多，这里只介绍电工随身携带的常用工具，这些常用工具有钢丝钳、尖嘴钳、斜口钳、剥线钳、螺钉旋具、验电器、电工刀、活扳手等，还有一些电工经常用到但不是随身携带的工具，如手锯、手电钻、压接钳、电烙铁、热风枪等。

一、钢丝钳

钢丝钳由钳头、钳柄组成，用来剪切导线、弯绞线、拉剥导线绝缘层、紧固及拧松螺钉。钢丝钳有铁柄和绝缘柄两种，绝缘柄钢丝钳为电工用。常用的规格有 150mm、175mm 和 200mm 三种，耐压为 500V 以下。

1. 钢丝钳的结构和用途

电工钢丝钳由钳头和钳柄两部分组成，钳头由钳口、齿口、刀口、铡口四部分组成，如图 2-1 所示。钳口用来弯绞或钳夹导线线头；齿口用来紧固或起松螺母；刀口用来剪切导线或剖削软导线绝缘层，绝缘线直径一般为 4mm^2 以下；铡口用来铡切电线线芯、钢丝或铅丝等较硬金属。

图 2-1　钢丝钳

2. 使用时应注意的事项

1）使用钢丝钳时，必须检查绝缘柄的绝缘是否良好。

2）使用钢丝钳剪断带电导体时，不得用刀口同时剪断两根及以上导线，以免相线间或相线与中性线间发生短路故障。

3）使用钢丝钳时，刀口应向操作者一侧，钳子不可以代替锤子用于敲打。

4）钢丝钳活动部位应适当加润滑油作防锈维护。

二、尖嘴钳和扁嘴钳

尖嘴钳有铁柄与绝缘柄、带刃口与不带刃口等几种不同的类型。其外形如图 2-2a 所示，钳身长度有 130mm、160mm、180mm、200mm 四种。其中 160mm 带塑料绝缘柄的尖嘴钳最常用，其绝缘柄的耐压为 500V。

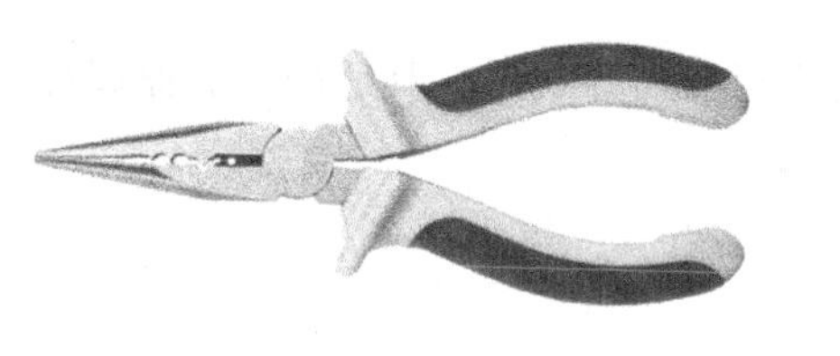

a) 尖嘴钳

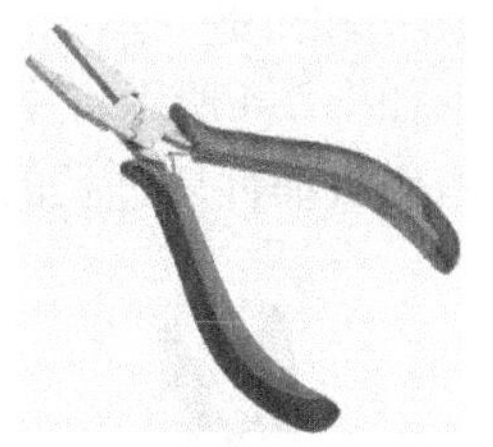

b) 扁嘴钳

图 2-2　尖嘴钳和扁嘴钳

扁嘴钳和尖嘴钳只是在钳头部位有所差别，如图 2-2b 所示。扁嘴钳主要对较粗导线或元器件的引线进行成型加工，弯曲金属薄片及金属细丝。在修理工作中，它用以装拔销子、弹簧等，为金属机件装配及电信工程常用的工具。

1. 尖嘴钳的结构和用途

尖嘴钳由钳头、钳柄两部分组成，可分带刃口与不带刃口两种。尖嘴钳主要作用是对中等大小的导线或元器件的引线成型，夹持小螺母、小零件等。带有刃口的尖嘴钳一般不作剪切工具使用，但有时也可用来剪断细小金属丝。

2. 使用时应注意的事项

1）使用尖嘴钳时，必须检查绝缘柄的绝缘是否良好。

2）尖嘴钳头部较细，为防其断裂，不能使用尖嘴钳装拆螺母及夹持较粗较硬的金属导线或其他物体。

3）不允许把钳子当锤子使用，也不能使钳子的端头部分长时间受热，否则端头部分将降低强度，同时也易使塑料柄熔化或老化。

三、剥线钳

剥线钳的手柄是绝缘的，可带电操作，耐压为500V。其规格也以钳身长度区分，有140mm、180mm两种。

1. 剥线钳的结构和用途

剥线钳的外形如图2-3所示，它是用来剥掉电线端部绝缘层的专用工具。其优点是剥线效率高、剥线尺寸准确、不易损坏芯线。剥线钳的钳口有数个不同直径的小孔，可以适合不同直径的电线。

2. 使用时应注意的事项

1）使用剥线钳时，必须检查绝缘柄的绝缘是否良好。

2）使用剥线钳剪切导线时，要先根据导线的粗细合理选用不同规格的钳口，然后将导线放在钳口的根部且钳口应朝下剪线，以防止剪下的线头飞溅伤人眼睛。

3）不允许用剥线钳剪切螺钉及较粗的钢丝等，以防崩口或卷刃。

四、断线钳

断线钳又称斜口钳，钳柄有铁柄、管柄和绝缘柄三种形式，其耐压为1000V。在工作中最为常用的是钳身长为160mm带塑料绝缘柄的斜口钳。

1. 断线钳的结构和用途

断线钳的外形如图2-4所示，主要用于剪切导线，尤其适用于剪掉焊接点上多余的引线线头及印制电路板安放插件后过长的引线。

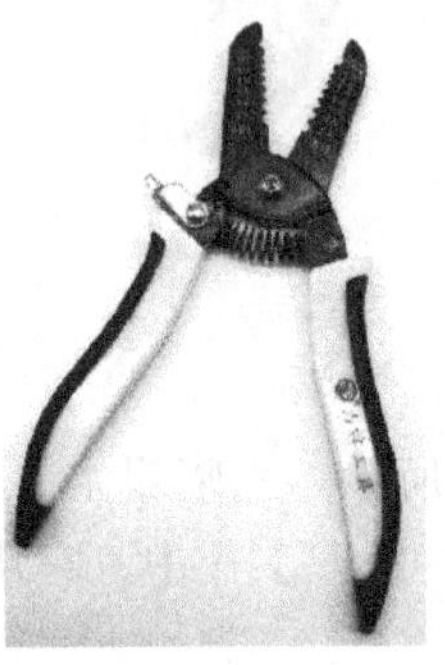

图2-3　剥线钳

图2-4　断线钳

2. 使用时应注意的事项

1）在剪线时应将剪口向下，防止剪下的线头刺伤人眼。

2）不允许用斜口钳剪切较粗的钢丝，易损坏钳口。

五、螺钉旋具

螺钉旋具是用来紧固和拆卸螺钉的工具。它的种类很多，按头部形状不同可分为一字槽、十字槽、内三角、内六角、外六角等，常用的有一字槽、十字槽两类，按驱动方式可分

为自动和电动等。

1. 一字槽螺钉旋具

一字槽螺钉旋具主要用于旋紧和拆卸一字槽的螺钉，其外形如图 2-5 所示，由手柄和旋杆组成。

（1）一字槽螺钉旋具的结构和用途　一字槽螺钉旋具的规格由柄部以外的刀体长度来区分，常用的有 100mm、150mm、200mm、300mm 和 400mm，工程中有时也称尺寸。选用一字槽螺钉旋具时，应使旋具头部尺寸与螺钉槽相适应。如果螺钉旋具的端头宽度超过螺钉槽的长度，则在旋转沉头螺钉时容易损坏安装件的表面。如果螺钉旋具的端头宽度过窄，则不但不能将螺钉旋紧，还容易损伤螺钉槽。螺钉旋具端头的厚度也不能过厚或过薄。

（2）一字槽螺钉旋具使用时的注意事项　在使用螺钉旋具时还应注意，一字槽螺钉旋具的端头在长时间使用后会呈现凸形，此时应及时用砂轮磨平，以防损坏螺钉槽。

2. 十字槽螺钉旋具

常用的十字槽螺钉旋具的端头分 4 种槽型：1 号槽适用于 2~2.5mm 螺钉，2 号槽适用于 3~5mm 螺钉，3 号槽适用于 5.5~8mm 螺钉，4 号槽适用于 10~12mm 螺钉。

（1）十字槽螺钉旋具的结构和用途　十字槽螺钉旋具主要用于旋紧和拆卸十字槽的螺钉，其外形如图 2-6 所示。其规格也是用柄部以外的刀体长度区分的。

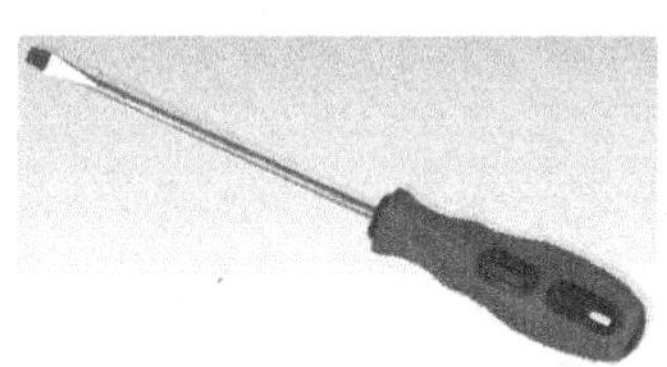

图 2-5　一字槽螺钉旋具

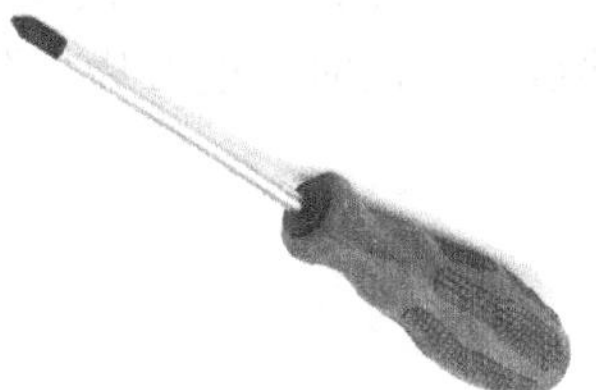

图 2-6　十字槽螺钉旋具

（2）一字槽螺钉旋具使用时的注意事项　在使用十字槽螺钉旋具时，应注意使其端头与螺钉槽相吻合，否则易损伤螺钉的十字槽。将其插入十字槽螺钉时应垂直，用力要均匀、平稳，推压要同步。

3. 螺钉旋具的使用方法

1）要选择合适的螺钉旋具类型、端头形状和型号。

2）使用一字槽或十字槽螺钉旋具时要用力平稳，推压和旋转要同时进行。

3）不可用锤击螺钉旋具柄部的方法撬开缝隙或剔除金属毛刺及其他物体。

4）电动螺钉旋具在运转时不能变换转向，以免损坏电机，影响使用寿命。

六、验电器

验电器是检验导线和电气设备是否带电的一种电工常用检测工具。它分为低压验电器和高压验电器两种。低压验电器用于检测 500V 以下的导体或各种用电设备金属外壳是否带电。

1. 低压验电器的结构和用途

低压验电器又称测电笔，有笔式和螺钉旋具式两种，如图 2-7 所示。笔式低压验电器由氖管、电阻、弹簧、笔身和笔尖等组成。

2. 使用时应注意的事项

1）测试时可根据氖管发光的强弱来判断电压的高低，被测导电体电压越高，氖管发光亮度越高。

2）在交流电路中，正常情况下，当低压验电器触及导线时，使氖管发光的即为相线，不发光的为中性线。

3）区分直流电与交流电，被测电压为直流电时，氖管的两个极中只有一极发光，而交流电为氖管的两极同时发光。

4）区分直流电源的正负极时，将低压验电器分别接在直流电的正负极之间，使氖管发光的一极为直流电的负极，不发光的一极为正极。

5）检查电源相线对地是否漏电时，把低压验电器对地漏电的相线进行测试，测试时亮度较弱说明漏电电压不高，亮度较高说明漏电电压较高。

七、电工刀

电工刀用来剖削导线绝缘，削制木楔、切割木台缺口等。

1. 电工刀的结构和用途

电工刀是电工常用的一种切削工具，如图 2-8 所示。普通的电工刀由刀片、刀刃、刀柄、刀挂等构成。不用时，把刀片收缩到刀把内。

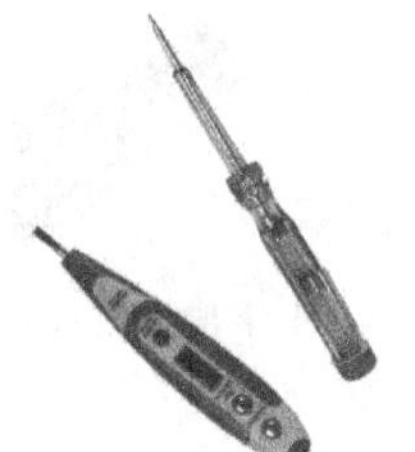

图 2-7 低压验电器

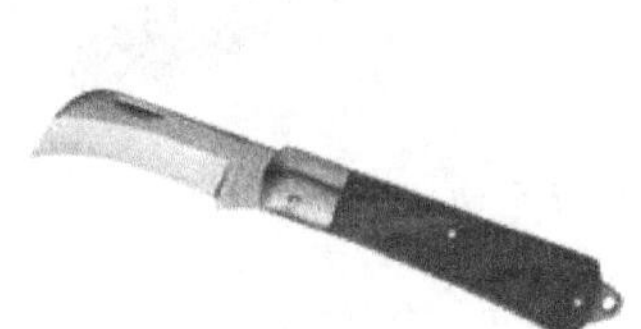

图 2-8 电工刀

2. 电工刀的使用方法

使用电工刀时，刀口应朝外部切削，切忌面向人体切削。剖削导线绝缘层时，应使刀面与导线成较小的锐角，以避免割伤线芯。新电工刀刀口较钝，应先开启刀口，然后再使用。电工刀使用后应随即将刀身折进刀柄，注意避免伤手。

3. 使用时应注意的事项

1）使用电工刀时应注意避免伤手，刀口应向人体外侧切削，不得传递刀身未折进刀柄的电工刀。

2）电工刀刀柄无绝缘保护，不能用于带电作业，以免触电。

3）电工刀用毕，立即将刀片折入刀柄中，不允许用锤子敲打刀片进行剖削。

八、活扳手

活扳手是用来紧固和松卸螺母的一种常用工具。

1. 活扳手的结构和用途

图 2-9　活扳手

活扳手由头部活扳唇、呆扳唇、扳口、蜗轮和轴销等构成，如图 2-9 所示。蜗轮用于调节扳口的大小。其规格用“长度×最大开口宽度”（单位为 mm）来表示，电工常用的活扳手有 150mm×19mm（6 英寸）、200mm×24mm（8 英寸）、250mm×30mm（10 英寸）和 300mm×36mm（12 英寸）四种规格。

2. 使用时应注意的事项

1）活扳手不可反用，以免损坏活扳唇，也不可用钢管接长手柄施加较大的扳拧力矩。

2）活扳手不得当作撬棍和锤子使用。

3. 活扳手的使用方法

扳动大螺母时，常用较大的力矩，手应握在近柄尾处；扳动较小螺母时，所用力矩不大，但螺母过小易打滑，故手应握在接近扳头的地方，这样可随时调节蜗轮，收紧活动扳唇，防止打滑。

九、手锯

1. 手锯的结构和用途

手锯由锯弓和锯条组成，如图 2-10 所示。

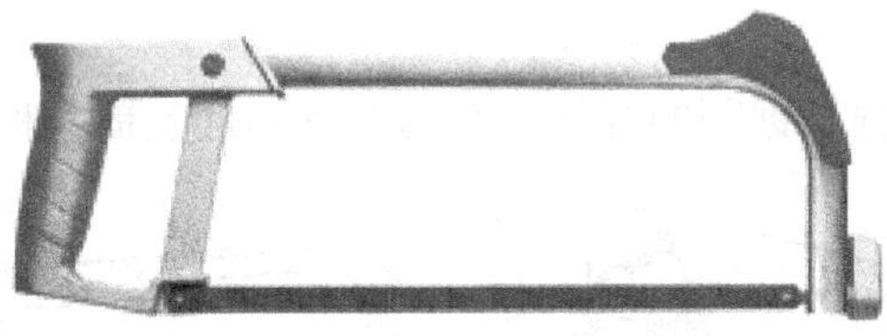
图 2-10　手锯

（1）锯弓　锯弓用来安装锯条，有固定式和可调式两种。手锯结构如图 2-11 所示，固定式锯弓只能安装一种长度的锯条，可调式锯弓通过调整可以安装几种不同长度的锯条。

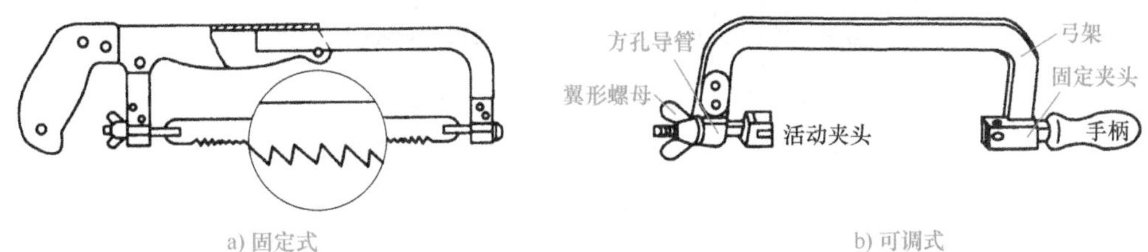

图 2-11　固定式、可调式手锯结构

（2）锯条　锯条是锯割的刀具，一般采用碳素工具钢制成，并经热处理淬硬。锯条规格以其两端安装孔的中心距表示，常用的锯条长 300mm。

锯条根据锯齿的不同分为粗齿、中齿、细齿三种。粗齿齿距有 1.4mm、1.8mm 两种，适用于锯割软材料或较厚的工件。中齿齿距为 1.1mm，适用于锯割普通钢材或中等厚度工件。细齿齿距为 0.8mm，适用于锯割硬材料或薄材料工件。

2. 手工锯割方法

用手锯把材料（如金属板、电路板）分割开或在工件上锯出沟槽的操作方法叫作手工锯割。

（1）锯割姿势　右手握紧锯柄，左手扶住锯弓的前端，如图 2-12 所示。锯割时的站立位置如图 2-13 所示。左脚朝前半步，两腿自然站立，推锯时身体上部稍向前倾，给手锯以适当的压力。

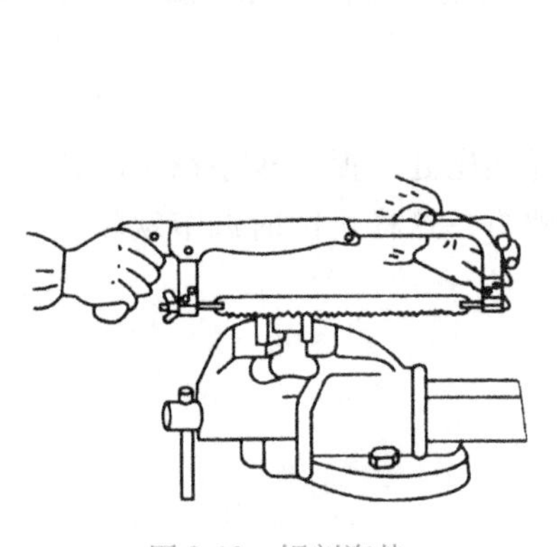

图 2-12　锯割姿势

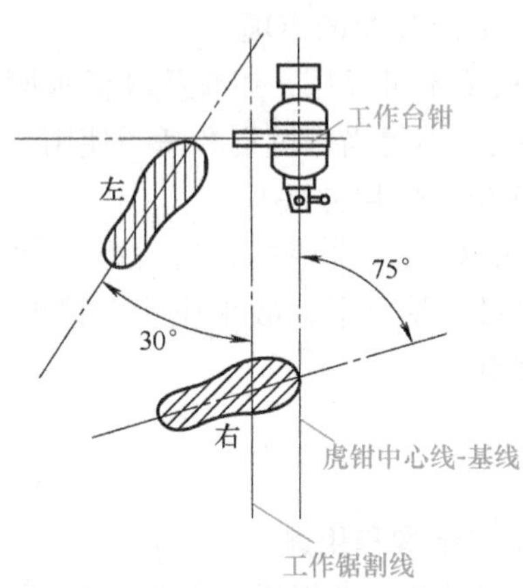

图 2-13　锯割时的站立位置

（2）起锯和收锯　起锯是锯割的开始，有远起锯和近起锯两种，如图 2-14 所示。

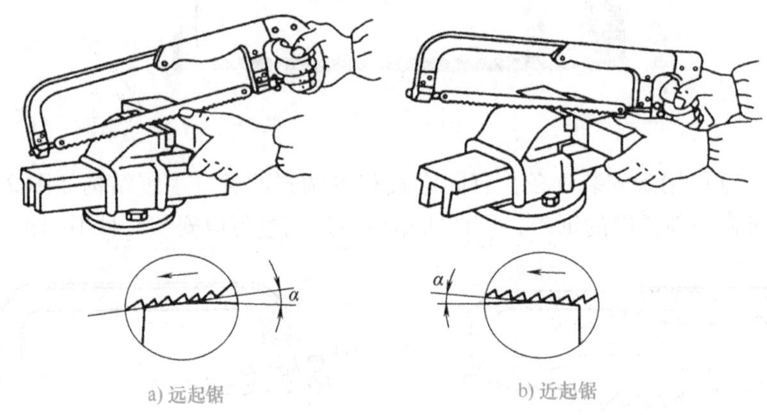

图 2-14　起锯

（3）锯割动作　锯割时，手锯的前推是锯削运动，主要靠右手施力来完成，左手适当地施加压力并协助右手扶正锯弓。往回拉锯时不起锯削作用，应略将手锯提起，以减少锯齿磨损。

3. 使用时应注意的事项

1）锯条要装得松紧适当，锯割时不要突然用力过猛，防止工作中锯条折断、锯弓上崩伤人。

2）工件将锯断时，压力要小，避免压力过大工件突然断开，手向前冲造成事故，一般

工件将锯断时，要用左手扶住将要断开的工件部分，避免掉下砸伤腿脚。

十、手电钻

手电钻是一种头部带有钻头，内部装有单相整流子电动机，靠旋转钻孔的手持式电动工具。

1. 手电钻的结构和用途

手电钻分为普通电钻和冲击钻两种。普通电钻上的通用麻花钻仅依靠旋转运动在金属上钻孔。冲击钻采用旋转与冲击的工作方式，一般带有调节开关。当调节开关在旋转无冲击即“钻”的位置时，其功能如同普通电钻；当调节开关在旋转带冲击“锤”的位置时，安装镶有硬制合金的钻头，便能在混凝土和砖墙等建筑构架上钻孔。手电钻的外形如图 2-15 所示。

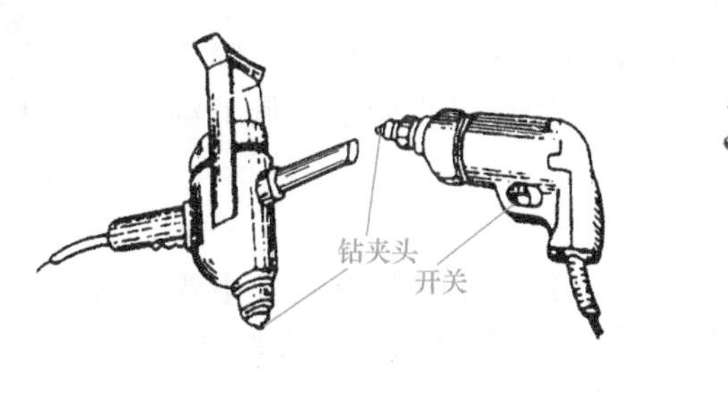

图 2-15 手电钻

2. 使用时应注意的事项

1）长期搁置不用的冲击钻，使用前必须用 500V 绝缘电阻表测量其对地的绝缘电阻，其电阻值应不小于 0.5MΩ。

2）使用金属外壳冲击钻时，必须戴绝缘手套、穿绝缘鞋或站在绝缘板上，以确保操作人员的人身安全。

3）在钻孔过程中应经常把钻头抽出以便排除钻屑。

十一、切割机

1. 切割机的结构和用途

在敷设的过程中，切割机是常用的加工工具。在对室内线路进行暗敷时，其通常用于对墙面进行开槽。切割机的外形如图 2-16 所示。

图 2-16 切割机

2. 切割机的使用

在使用切割机时，操作人员应双手紧握切割机手柄，与被切物保持垂直，匀速移动切割机，不得用力过猛。

由于使用切割机时，会产生大量的粉尘，因此在切割过程中，需要及时进行喷水处理，以有效降低粉尘污染。同时，操作人员要佩带空气过滤面罩。

3. 使用时应注意的事项

1）在使用切割机前，应检查并确认其内部的电动机和电线是否正常，接地是否良好，锯片的选用是否符合要求，安装是否正确。

2）起动后，应先进行空载运转，检查并确认锯片运转的方向和声音是否正常。

3）当一切正常，才可以正常使用。

十二、热风枪

热风枪是利用发热电阻丝的枪芯吹出的热风来对元件进行焊接与摘取的工具。

1. 热风枪的结构和用途

根据热风枪的工作原理，其控制电路的主体部分应包括温度信号放大电路、比较电路、可控硅控制电路、传感器、风控电路等。另外，为了提高电路的整体性能，还应设置一些辅助电路，如温度显示电路、关机延时电路和过零检测电路。设置温度显示电路是为了便于调温。温度显示电路显示的温度为电路的实际温度，工人在操作过程中手动调节温度。热风枪的外形如图 2-17 所示。

图 2-17　热风枪

2. 热风枪的使用方法

（1）吹焊小贴片元器件的方法　用热风枪吹焊的小贴片元器件主要包括片状电阻、电容、电感及片状晶体管等。对于这些小型元器件，使用热风枪进行吹焊时，一定要掌握好风量、风速和气流的方向，如果操作不当，不但会将元器件吹跑，还会损坏元器件。

（2）吹焊贴片集成电路的方法　用热风枪吹焊贴片集成电路时，首先应在芯片的表面涂放适量的助焊剂，这样既可防止干吹，又能帮助芯片底部的焊点均匀熔化。由于贴片集成电路的体积相对较大，在吹焊时可采用大嘴喷头，热风枪的温度可调至 3～4 挡，风量可调至 2～3 挡，风枪的喷头离芯片 2.5cm 左右为宜，吹焊时应在芯片上方均匀加热，直到芯片底部的锡珠完全熔解，此时应用镊子将整个芯片取下，芯片取下后应将电路板残留余锡用电烙铁清理干净。若焊接芯片，应将芯片与电路板相应位置对齐，焊接方法与拆焊方法相同。

（3）弯曲塑胶管　用热风枪弯曲塑胶管时，应将出风口置于距塑料管表面 5～15cm 处，并且均匀绕着塑胶管要弯曲的部分加热，直到感觉塑胶管已开始软化，便可以开始弯曲。弯曲过程中要多弯一点，因为塑胶管冷却后，会朝相反方向稍微回弹。

（4）热收缩包装膜、管　用热风枪可将可缩性塑胶膜、热缩管加热收缩，在开始加热时，从较远的距离均匀地向着收缩膜、热缩管加热，然后慢慢靠近，直到收缩膜、热缩管均匀收缩并将包装物紧密地包好为止。

3. 使用时应注意的事项

1）请勿将热风枪与化学类（塑料类）的刮刀一起使用。

2）请在使用后将喷嘴或刮刀的干油漆清除掉以免着火。

3）请在通风良好的地方使用，因为从铅制品的油漆中去除的残渣是有毒的。

4）不要将热风枪当作吹风机使用。

5）不要直接将热风对着人或动物。

6）当热风枪使用时或刚使用过后，不要去碰触喷嘴。热风枪的把手必须保持干燥，干净且远离油品或气体。

7）热风枪要完全冷却后才能存放。

技能训练

实训 2-1　常用工具的使用训练

一、实训目的

1）熟悉各种常用工具的使用方法。

2）了解各种常用工具使用时的注意事项。

二、实训器材及材料

钳子、螺钉旋具、验电器、活扳手、电工刀、手电钻、热风枪、切割机等工具，以及木板、铁块、槽板、塑料管、导线等。

三、实训内容和步骤

1）选用合适的工具对各种导线进行剪切练习。

2）对实训工件按给出的图样进行钻孔、锯割，并达到技术要求。

3）选用合适的工具进行操作练习。

四、技能评价

常用工具的使用训练评价见表 2-1。

表 2-1　常用工具的使用训练评价表

<table>
<tr><td>培训专业</td><td colspan="2"></td><td>姓名</td><td colspan="2"></td><td>指导教师</td><td></td><td>总分</td><td></td></tr>
<tr><td>考核时间</td><td colspan="2"></td><td>实际时间</td><td colspan="6">自　　时　　分起至　　时　　分止</td></tr>
<tr><td>任务</td><td>配分</td><td colspan="2">考核内容</td><td colspan="2">评分标准</td><td>学生自评</td><td>小组互评</td><td>教师评价</td><td>得分</td></tr>
<tr><td>工具使用</td><td>30 分</td><td colspan="2">1. 能按不同用途选用合适的工具
2. 各种工具使用方法正确</td><td colspan="2">1. 各种工具用途不明确，扣 1~5 分
2. 各种工具使用方法不正确，扣 1~5 分</td><td></td><td></td><td></td><td></td></tr>
<tr><td>验电器使用</td><td>10 分</td><td colspan="2">1. 用电器相线测试是否合理
2. 辨别交直流电测试是否正确
3. 辨别直流电正负极测试是否正确
4. 测试用电设备是否漏电</td><td colspan="2">1. 用电器相线测试不正确，扣 3 分
2. 交流电、直流电测试辨别错误，扣 3 分
3. 直流电正负极测试辨别错误，扣 3 分
4. 用电设备漏电测试不正确，每处扣 3 分</td><td></td><td></td><td></td><td></td></tr>
</table>

（续）

任务	配分	考核内容	评分标准	学生自评	小组互评	教师评价	得分
锯割	20分	1. 锯割时工件的夹持是否合理 2. 锯割时的姿势和锯割方法 3. 锯条的正确安装 4. 锯割后工件、线槽垂直对接缝隙误差在0.20mm内	1. 手锯使用不正确，扣3分 2. 工件夹持不当，扣3分 3. 锯割姿势不当，扣3分 4. 锯割方法不当，扣3分 5. 超出垂直对接缝隙误差，每处扣1分				
钻孔	10分	1. 钻孔时工件的夹持是否合理 2. 钻孔时的操作是否合理	1. 手电钻使用不正确，扣3分 2. 工件夹持不当，扣3分 3. 孔距不符合公差要求，每处扣2分 4. 孔径尺寸超差，每处扣2分 5. 孔壁表面粗糙，每处扣1分				
切割机使用	10分	1. 切割时工件的夹持是否合理 2. 切割时的操作是否合理	1. 切割机使用不正确，扣3分 2. 工件夹持不当，扣3分 3. 切割面不符合公差要求，每处扣2分				
热风枪使用	10分	1. 使用热风枪时操作是否正确 2. 热风枪对需加热工件的操作是否合理	1. 热风枪使用不正确，扣3分 2. 需加热处理工件时没按要求操作，每处扣2分				
安全文明生产	10分	1. 工具摆放、工作台清洁、余废料处理 2. 严格遵守操作规程	1. 工具摆放不整齐，扣3分 2. 工作台清理不净，扣3分 3. 违章操作，视情节扣分				
教师签名：							

任务小结

通过本任务的学习，学会钢丝钳、尖嘴钳、偏口钳、剥线钳、螺钉旋具、验电器、电工刀、活扳手、手锯、手电钻、压接钳、电烙铁、热风枪等常用工具的基本使用方法，能熟练使用电工工具，掌握其使用要领及注意事项。

任务2 导线的电气连接

知识目标

1. 了解单股导线的直线和T型分支连接操作方法。
2. 了解七股导线的直线和T型分支连接操作方法。
3. 了解导线线头与接线柱连接操作方法。
4. 了解导线绝缘层恢复的操作方法。

技能目标

1. 能完成单股导线的直线和T型分支连接的操作。
2. 能完成七股导线的直线和T型分支连接的操作。
3. 能完成导线线头与接线柱连接的操作。
4. 能完成导线绝缘层恢复操作。

素质目标

1. 在导线电气连接时，严格规范操作，养成安全意识。
2. 在小组合作中培养团队合作精神。

知识链接

在电气线路安装和维修时，通常因导线长度不够或线路有分支，需要把一个导线与另一个导线做成固定电连接，这些电连接的固定点称为接头。导线电连接方法很多，有绞接、焊接、压接、紧固螺钉压接等。

在电气连接中常用导线线芯有单股、七股和多股等多种，当导线不够长或要分接支路时，就要进行导线与导线之间的连接，连接方法随线芯股数不同而不同。

一、单股导线的连接

1. 单股导线的直线连接

1）绝缘层的剖削长度为芯线直径的70倍左右，去掉氧化层。

2）把两线头的芯线呈X形相交，互相绞接2~3圈。

3）扳直两线头。

4）将每个线头在芯线上紧贴并缠绕6圈，用钢丝钳切去余下的芯线，并钳平芯线末端，如图2-18所示。

2. 单股导线的T型分支连接

1）将分支芯线的线头与干芯线十字相交，使支路芯线根部留出3~5mm。然后按顺时针方向缠绕支路芯线，缠绕 6~8 圈后，用钢丝钳切去余下的芯线，并钳平芯线末端。

图 2-18 单股导线的直线连接

单股导线的直线连接

2）较小截面积芯线可环绕成结状，然后再把支路芯线头抽紧、扳直，紧密地缠绕 6~8 圈后，剪去多余芯线，钳平切口毛刺，如图 2-19 所示。

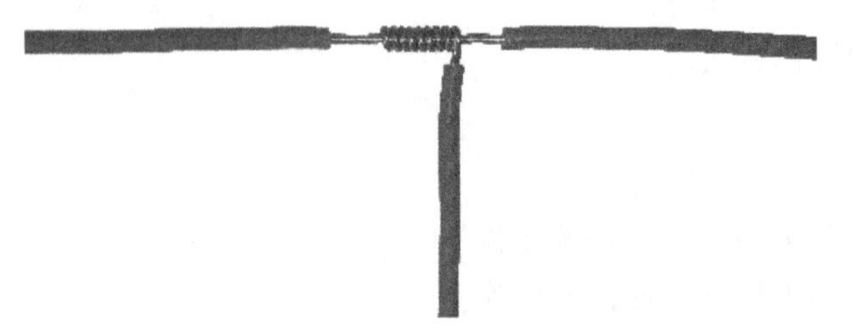

图 2-19 单股导线的 T 型分支连接

单股导线的 T 型分支连接

二、七股导线的连接

1. 七股导线的直线连接

1）绝缘层的剖削长度为芯线直径的 21 倍左右。

2）先把剖去绝缘层的芯线散开并拉直，把靠近根部的 1/3 段芯线绞紧，余下的 2/3 段芯线分散成伞形，并把每根芯线拉直。

3）把两个伞形芯线头隔根对叉，并拉平两端芯线。

4）把一端七股芯线按 2、2、3 根分成三组，接着把第一组的 2 根芯线向上扳起，垂直于芯线并按顺时针方向缠绕。

5）缠绕两圈后，将余下的芯线向右扳直，再把下边第二组的 2 根芯线向上扳直，也按顺时针方向紧紧压着前 2 根扳直的芯线缠绕。

6）缠绕两圈后，也将余下的芯线向右扳直，再把下边第三组的 3 根芯线向上扳直，也按顺时针方向紧紧压着前 4 根扳直的芯线缠绕。

7）缠绕 3 圈后，切去每组多余的芯线，钳平芯线末端，如图 2-20 所示。

8）用同样的方法再缠绕另一端芯线。

图 2-20 七股导线的直线连接

七股导线的直线连接

2. 七股导线的 T 型分支连接

1）把分支芯线散开并钳直，接着把接近绝缘层 1/8 处的芯线绞紧，把分支线头的 7/8 芯线分成两组，一组 3 根，另一组 4 根，并排齐。然后用螺钉旋具把干线芯线撬分成两组，再把支线成排插入缝隙间。

2）把插入缝隙间的 7 根线头分成两组，一组 3 根，另一组 4 根，分别按顺时针和逆时针方向缠绕 3~4 圈，然后钳平芯线末端，如图 2-21 所示。

图 2-21　七股导线的 T 型分支连接

七股导线的 T 型分支连接

三、导线线头与接线柱的连接

1. 线头与针孔式接线柱头的连接

在针孔式接线柱头上接线时，如果单股芯线较粗，只要把芯线插入针孔，旋紧螺钉即可。如果单股芯线较细，则要把芯线双根插入针孔，如图 2-22 所示。如果是多根细丝的软线芯线，必须先绞紧，再插入针孔，切不可有细丝露在外面，以免发生短路事故。

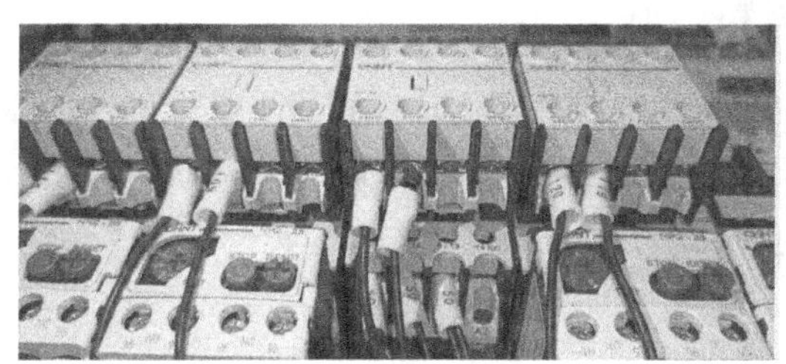

图 2-22　线头与针孔式接线柱头的连接

2. 线头与螺钉平压式接线柱头的连接

线头与螺钉平压式接线柱头连接时，如果是截面积较小的单股芯线，则必须把线头弯曲成羊眼圈状，羊眼圈弯曲的方向应与螺钉旋紧的方向一致。截面积较大的单股芯线与螺钉平压式接线柱头连接时，线头必须装上接线耳，由接线耳与接线柱连接，如图 2-23 所示。

图 2-23　线头与螺钉平压式接线柱头的连接

四、导线绝缘层的恢复

导线绝缘层破损后必须恢复绝缘，导线连接后也必须恢复绝缘，且恢复后的绝缘强度不应低于原来的强度。通常用黄蜡带、涤纶薄膜带和绝缘胶带作为恢复绝缘层的主要材料，黄蜡带和绝缘胶带一般宽为 20mm，包扎也方便。

将黄蜡带从导线左侧完整的绝缘层上开始包扎，包扎两根带宽的长度后方可进入无绝缘层的芯线部分。包扎时，黄蜡带与导线保持一定倾斜角，每圈压叠带宽的 1/2，包扎一层黄蜡带后，将绝缘胶带接在黄蜡带的尾端，按另一斜叠方向包扎一层绝缘胶带，每圈也压叠带宽的 1/2，如图 2-24 所示。

图 2-24　导线绝缘层的恢复

技能训练

实训 2-2　常用导线的电气连接训练

一、实训目的

1）熟练掌握单股导线直线与 T 型分支连接的技能方法。
2）熟练掌握七股导线直线与 T 型分支连接的技能方法。
3）掌握导线线头与接线柱的连接方法。
4）掌握导线绝缘层的恢复方法。

二、实训器材及材料

斜口钳、螺钉旋具、电工刀、剥线钳、压线钳等工具，单股铜芯绝缘导线、七股铜芯绝缘导线和多股绝缘导线若干，灯头、端子排或低压断路器、按钮、绝缘胶带、黄蜡带等。

三、实训内容和步骤

1. 剖削导线绝缘层

要求：剖削导线绝缘层时，电工刀倾斜 45°进行切削，避免损伤线芯。

2. 单股导线直线连接与 T 型分支连接

要求：

1）直线连接要求绝缘层的剖削长度为芯线直径的 70 倍左右，将两线头的芯线呈 X 形相交，互相绞接 2~3 圈，每个线头在芯线上紧贴并缠绕 6 圈，用钢丝钳切去余下的芯线，并钳平芯线末端。

2）T 型分支连接要求将分支芯线的线头与干芯线十字相交，使支路芯线根部留出 3~5mm，然后按顺时针方向缠绕支路芯线，缠绕 6~8 圈后，用钢丝钳切去余下的芯线，并钳平芯线末端。

3. 七股导线直线连接与 T 型分支连接

要求：

1）直线连接要求绝缘层的剖削长度为芯线直径的 21 倍左右，把靠近根部的 1/3 线段芯线绞紧，余下的 2/3 段芯线头分散成伞形，把两个伞形芯线头隔根对叉，并拉平两端芯线，把一端七股芯线按 2、2、3 根分成三组，把第一组的 2 根芯线扳起，垂直于芯线并按顺时针

方向缠绕两圈向右扳直，再分别缠绕其余两组，多余线剪掉钳平。

2）T 型分支连接是把分支芯线散开并钳直，接着把接近绝缘层 1/8 处的芯线绞紧，把分支线头的 7/8 芯线分成两组，一组 3 根，另一组 4 根，把插入缝隙间的 7 根线头分成两组，一组 3 根，另一组 4 根，分别按顺时针和逆时针方向缠绕 3~4 圈，然后钳平芯线末端。

4. 绝缘导线线头与接线柱的连接

要求：在针孔式接线柱头上接线时，只要把芯线插入针孔，旋紧螺钉即可。

5. 导线绝缘层恢复

要求：将黄蜡带从导线左侧完整的绝缘层上开始包扎，包扎两根带宽的长度后方可进入无绝缘层的芯线部分。包扎时，黄蜡带与导线保持一定倾斜角，每圈压叠带宽的 1/2，包扎一层黄蜡带后，将绝缘胶带接在黄蜡带的尾端，按另一斜叠方向包扎一层绝缘胶带，每圈也压叠带宽的 1/2。

6. 操作练习

选用合适工具进行操作练习。

四、技能评价

常用导线电气连接训练评价见表 2-2。

表 2-2 常用导线电气连接训练评价表

培训专业		姓名		指导教师		总分	
考核时间		实际时间	自 时 分起至 时 分止				
任务	配分	考核内容	评分标准	学生自评	小组互评	教师评价	得分
工具使用	10 分	1. 能按不同用途选用合适工具 2. 各种工具使用方法正确	1. 各种工具用途不明确，扣 1 分 2. 各种工具使用方法不正确，扣 1 分				
单股导线的直线连接	10 分	1. 剥离塑料线绝缘层是否伤线 2. 预留线头长度是否合理 3. 线头缠绕时是否紧贴 4. 线头缠绕时圈数是否够数	1. 剥离塑料线绝缘层，不允许伤线，伤线每处扣 2 分 2. 两线头呈 X 形相交 2~3 圈，圈数不够，每少一圈扣 5 分 3. 每个线头在芯线上紧贴并缠绕 6 圈，不紧贴和圈数不够，每少一圈扣 2 分				
单股导线的 T 型分支连接	20 分	1. 剥离塑料线绝缘层是否伤线 2. 预留线头长度是否合理 3. 线头缠绕时是否紧贴 4. 线头缠绕时圈数是否够数 5. 多余线头是否去掉	1. 剥离塑料线绝缘层，不允许伤线，伤线每处扣 2 分 2. 将分支芯线与干芯线相交，使支路芯线根部留出 3~5mm，不留出 3~5mm 扣 2 分 3. 按顺时针方向缠绕 6~8 圈，圈数不够每少一圈扣 3 分 4. 减去多余芯线，并钳平芯线末端，未钳平扣 1 分				

（续）

任务	配分	考核内容	评分标准	学生自评	小组互评	教师评价	得分
七股导线的直线连接	20 分	1. 剥离塑料线绝缘层是否伤线 2. 预留线头长度是否合理 3. 线头缠绕时是否紧贴 4. 线头缠绕时圈数是否够数 5. 多余线头是否去掉	1. 剥离塑料线绝缘层，不允许伤线，伤线每处扣 2 分 2. 先把芯线散开，把根部 1/3 芯线绞紧，没绞紧扣 1 分 3. 把两个伞形芯线头隔根对插，按 2、2、3 分成三组，把第一组的 2 根芯线扳起，按顺时针方向缠绕两圈，圈数不够，每少一圈扣 3 分 4. 把第二组的 2 根芯线扳起按顺时针方向缠绕两圈，圈数不够，每少一圈扣 5 分 5. 把第三组的 3 根芯线扳起按顺时针方向缠绕 3 圈，圈数不够，每少一圈扣 5 分 6. 减去多余芯线，并钳平芯线末端，未钳平扣 2 分				
七股导线的 T 型分支连接	10 分	1. 剥离塑料线绝缘层是否伤线 2. 预留线头长度是否合理 3. 线头缠绕时是否紧贴 4. 线头缠绕时圈数是否够数 5. 多余线头是否去掉	1. 剥离塑料线绝缘层，不允许伤线，伤线每处扣 2 分 2. 将分支线头的 7/8 芯线分成两组，一组 3 根，另一组 4 根，再把支路芯线成排插入缝隙间，插入不正确扣 3 分 3. 分别按顺时针和逆时针方向缠绕 3~4 圈，圈数不够每少一圈扣 3 分 4. 减去多余芯线，并钳平芯线末端，未钳平扣 2 分				
导线线头与接线柱连接、导线绝缘层恢复	20 分	1. 导线线头与接线柱头连接是否正确 2. 导线绝缘层恢复操作是否合理	1. 导线线头露铜，每处扣 3 分 2. 导线绝缘层恢复时没按要求操作，每处扣 5 分				
安全文明生产	10 分	1. 工具摆放、工作台清洁、余废料处理 2. 严格遵守操作规程	1. 工具摆放不整齐，扣 3 分 2. 工作台清理不净，扣 3 分 3. 违章操作，视情节扣分				
教师签名：							

任务小结

通过本任务的学习，学会单股导线和七股导线直线连接和 T 型分支连接的基本操作方

法以及导线线头与接线柱连接方法、导线绝缘层恢复方法等；能熟练使用电工工具，完成单股导线和七股导线的直线连接和T型分支连接，并掌握其技术要求。

任务3 导线的焊接

知识目标

1. 说出手工焊接工具的使用及操作方法。
2. 掌握手工焊接操作方法。
3. 掌握导线焊接操作方法。
4. 说出绝缘导线加工的操作方法。
5. 说出屏蔽导线加工的操作方法。
6. 掌握导线线束捆扎的操作方法。

技能目标

1. 能完成导线焊接的操作。
2. 能完成绝缘导线加工的操作。
3. 能完成屏蔽导线加工的操作。
4. 能完成导线线束捆扎的操作。

素质目标

1. 在导线焊接时，严格规范操作，养成安全意识。
2. 在小组合作中培养团队合作精神。

知识链接

一、手工焊接工具

电烙铁是手工焊接的主要工具，选择合适的电烙铁并正确使用，是保证焊接质量的基础。

1. 电烙铁的种类

电烙铁的种类很多，按功能分，有单用式、两用式、调温式。而常用的电烙铁按其加热的方式不同分为外热式和内热式两大类。电烙铁的规格是用功率来表示的，常用的规格有15W、20W、25W、30W、45W、75W、100W等。

（1）外热式电烙铁 烙铁芯安装在烙铁头外面的电烙铁称为外热式电烙铁，又称旁热式电烙铁，它由手柄、外壳、烙铁头、烙铁芯、电源线等组成，其结构如图2-25所示。

（2）内热式电烙铁 烙铁芯安装在烙铁头里面的电烙铁称为内热式电烙铁，其结构如

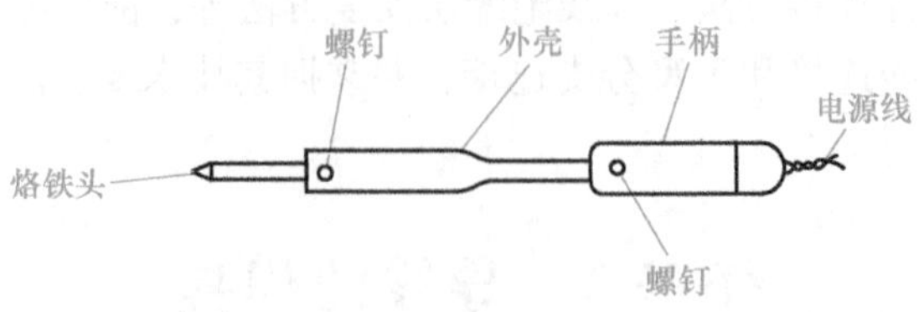

图 2-25　外热式电烙铁结构

图 2-26a 所示，实物图如图 2-26b 所示。内热式电烙铁对烙铁头直接加热，热效率高，升温快，是电子装配中常用的焊接工具。

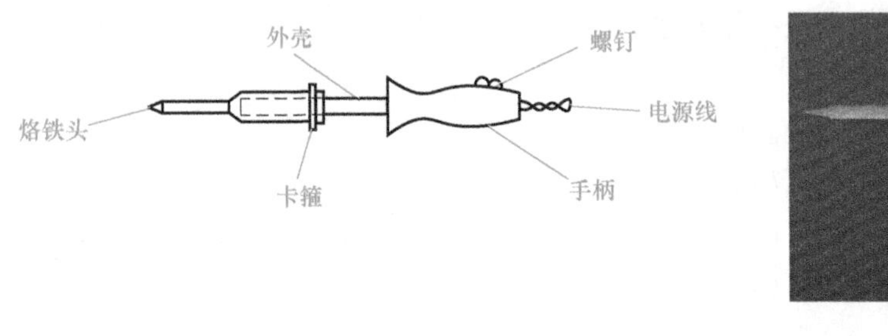

a) 结构图

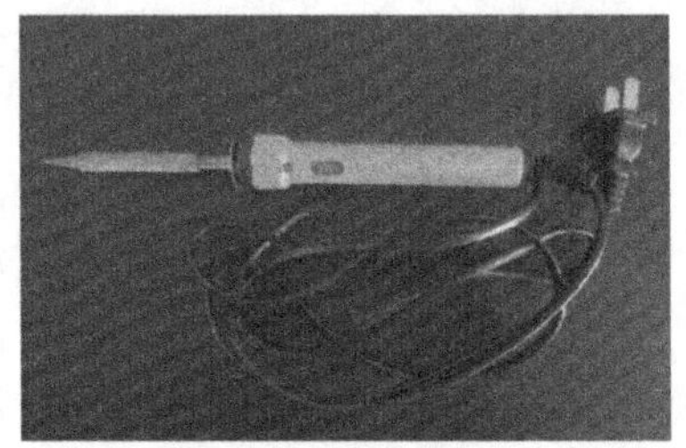

b) 实物图

图 2-26　内热式电烙铁

2. 电烙铁的选用

电烙铁的种类及规格有很多，焊接电子元器件的要求又各不相同，因而合理选用电烙铁的功率及种类，对提高焊接质量有很大作用。根据手工焊接工艺的要求，在焊接不同元器件时，电烙铁的选用依据可参照表 2-3。而烙铁头的形状应适应被焊接物体形状空间的要求。

表 2-3　电烙铁的选用依据

焊件种类	烙铁头温度/℃	可用的电烙铁
一般电路板、安装导线	250~350	20W 内热式，30W 外热式、恒温式
集成电路	250~350	20W 内热式、恒温式
焊片、电位器、2~8W 电阻、大功率管	350~450	30~50W 内热式、调温式，50~75W 外热式
8W 以上大电阻、2A 以上导线等较大元器件	400~550	100W 内热式，150~200W 外热式
金属板等	500~630	300W 以上外热式
维修、调试一般电子产品	250~350	20W 内热式、恒温式、感应式、两用式

3. 电烙铁的使用维护

正确使用和维护电烙铁，能延长其使用寿命，确保焊接顺利进行。

1）电烙铁外壳要接地，以防止漏电造成元器件损坏，保证安全操作。

2）电烙铁长时间不用，应切断电源。

3）烙铁头要经常趁热上锡，如果发现烙铁头上有氧化层或污物，要切断电源，在有余热时用布将氧化层和污物擦除，并涂上助焊剂，随后立即通电，使烙铁头镀上一层锡。

4）进行焊接时，宜采用松香或弱酸性助焊剂。

5）电烙铁不宜长时间通电而不使用，因为这样容易使烙铁芯过热而烧断，同时也将使烙铁头因长时间加热而氧化，甚至“烧死”不再“吃锡”。

6）焊接完毕，烙铁头应保留少许残留焊锡，以防止再次加热时出现氧化层。

二、手工焊接的基本原则

1. 清洁待焊工件的表面

对待焊工件表面应首先检查其可焊性。若可焊性差说明被焊金属表面由于受外界环境的影响，在其表面形成了氧化层、油污和粉尘等，使焊料难以润湿被焊金属表面。这时就需要用机械和化学的方法清除这些杂物。

如果元器件的引线、各种导线、焊接片、接线柱、印制电路板等表面被氧化或有杂物，一般可用砂布、锯条片、小刀或镊子反复刮去污垢和氧化层，使其表面光洁，然后再将元器件引线镀上焊锡。

2. 选择合适的焊锡和助焊剂及电烙铁

通常根据被焊接金属的氧化程度、焊接点大小等来选择不同种类的助焊剂，可参照表2-4选择。根据焊接点的形状、不同热容量选用不同功率的电烙铁和烙铁头。

表2-4　常用助焊剂的配方、性能及适用范围

品种	配方	比例（%）	可焊性	活性	适用范围
松香酒精焊剂	松香	23	中	中性	印制电路板、导线
	无水乙醇	67			
盐酸二乙胺焊剂	盐酸二乙胺	4	好	有轻度腐蚀性余渣	手工烙铁焊接电子元器件、零部件
	三乙醇胺	6			
	松香	20			
	正丁醇	10			
	无水乙醇	60			
盐酸苯胺焊剂	盐酸苯胺	4.5			手工烙铁焊接电子元器件、零部件、搪锡
	三乙醇胺	2.5			
	松香	23			
	无水乙醇	60			
	溴化水杨酸	10			
201焊剂	溴化水杨酸	10			元器件搪锡、浸焊、波峰焊
	树脂	20			
	松香	20			
	无水乙醇	50			

（续）

<table>
<tr><th>品种</th><th colspan="2">配方</th><th>比例（%）</th><th>可焊性</th><th>活性</th><th>适用范围</th></tr>
<tr><td rowspan="4">201-1 焊剂</td><td colspan="2">溴化水杨酸</td><td>7.9</td><td rowspan="8">好</td><td rowspan="8">有轻度腐蚀性余渣</td><td rowspan="4">印制电路板涂敷</td></tr>
<tr><td colspan="2">丙烯酸树脂</td><td>3.5</td></tr>
<tr><td colspan="2">松香</td><td>20.5</td></tr>
<tr><td colspan="2">无水乙醇</td><td>48.1</td></tr>
<tr><td rowspan="4">SD 焊剂</td><td colspan="2">SD</td><td>6.9</td><td rowspan="4">浸焊、波峰焊</td></tr>
<tr><td colspan="2">溴化水杨酸</td><td>3.4</td></tr>
<tr><td colspan="2">松香</td><td>12.7</td></tr>
<tr><td colspan="2">无水乙醇</td><td>77</td></tr>
<tr><td>氯化锌焊剂</td><td colspan="3">$ZnCl_2$ 饱和水溶液</td><td rowspan="4">很好</td><td rowspan="4">强腐蚀性</td><td>各种金属制品、钣金件</td></tr>
<tr><td rowspan="3">氯化铵焊剂</td><td colspan="2">乙醇</td><td>70</td><td rowspan="3">锡焊各种黄铜零件</td></tr>
<tr><td colspan="2">甘油</td><td>30</td></tr>
<tr><td colspan="3">NH_4Cl 饱和水溶液</td></tr>
</table>

3. 焊接时要有一定的焊接温度

热能是进行焊接不可缺少的条件，适当的焊接温度对形成一个好的焊点是非常关键的。焊接时温度过高则焊点发白、无金属光泽、表面粗糙；温度过低则焊锡未流满焊盘，造成虚焊。

4. 焊接时控制好加热的时间

焊接的整个过程，从加热被焊工件到焊锡熔化并形成焊点，一般应在数秒之内完成。加热时间过长则可能造成元器件损坏、焊接缺陷、印制电路板铜箔脱离；加热时间过短则容易产生冷焊、焊点表面裂缝和元器件松动等，达不到焊接的要求。所以，应根据被焊件的形状、大小和性质来确定焊接时间。对印制电路板的焊接，时间一般以 2～3s 为宜。

5. 工件的固定

在撤离烙铁头之后，焊点形成的时候不要触动焊点。因为焊点上的焊料尚未完全凝固，此时即使有微小的振动也会使焊点变形，引起虚焊。所以在焊点形成过程中不要触动焊点上的元器件或导线，应始终保持工件固定不动。

三、手工焊接的操作方法

1. 焊接的姿势

手工操作时，应保持正确的焊接姿势，可以保证操作者的安全，减轻劳动伤害。为减少助焊剂加热时挥发出的化学物质对人的危害，减少有害气体的吸入量，一般情况下，烙铁头到鼻子的距离应该不小于 30cm，通常以 40cm 为宜。

2. 电烙铁握法

手工焊接时，电烙铁要拿稳对准，可根据电烙铁的大小、形状和被焊接工件的要求等情况来决定电烙铁的握法。通常有三种握法，分别为反握法、正握法和握笔法，如图 2-27 所示。握笔法由于操作灵活方便，因而采用较多。

3. 焊锡丝拿法

手工焊接时一手握电烙铁，另一手拿焊锡丝，帮助电烙铁吸取焊料。拿焊锡丝的方法一般有两种：连续拿法和断续拿法，如图 2-28 所示。

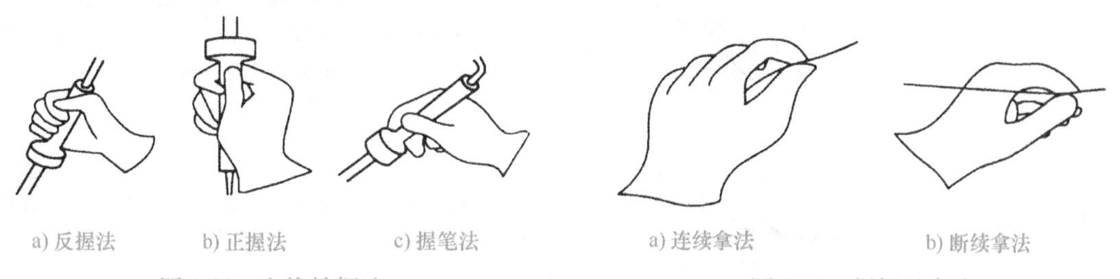

a) 反握法　b) 正握法　c) 握笔法

图 2-27　电烙铁握法

a) 连续拿法　b) 断续拿法

图 2-28　焊锡丝拿法

连续拿法是用大拇指和食指捏住焊锡丝，其余三指把焊锡丝拢在手心，并借助中指把焊锡丝连续往前送，这种方法适用于成卷（筒）焊锡丝的手工焊接。断续拿法是把焊锡丝放在虎口间，用大拇指、食指和中指夹住。这种方法焊锡丝不能连续向前送，适用于小段焊锡丝的手工焊接。由于焊锡丝含有一定比例的铅，它是对人体有害的重金属，因此操作时应戴手套或操作后洗手。

四、手工焊接的操作步骤

1. 焊接操作步骤

在工厂中常把手工焊锡归纳成八个字：一刮、二镀、三测、四焊。

1）刮就是处理焊接对象的表面。焊接前应先对被焊件的表面进行清洁工作，有氧化层要刮去，有油污要擦去。

2）镀就是对焊接部位搪锡。

3）测就是对搪过锡的元件进行检查，在电烙铁的高温下是否损坏。

4）焊就是指最后把测试合格的元器件焊接到电路中。

2. 五步焊接法

为了保证焊接质量，要掌握正确的手工焊接操作方法。手工焊接正确的操作方法分五步，见表 2-5。

表 2-5　五步焊接法

操作步骤	操作示意图	说明
准备	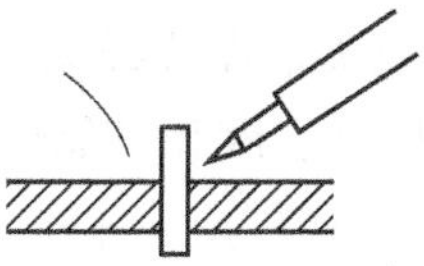	左手拿焊锡丝，右手握电烙铁，进入备焊状态
加热	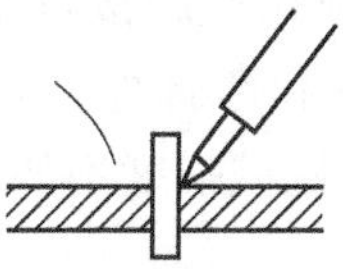	烙铁头接触被焊件的连接处，使焊接点的温度加热到焊接需要的温度，时间为 1~2s。加热时，烙铁头和连接点要有一定的接触面，而且受热要均匀

（续）

操作步骤	操作示意图	说明
加焊锡丝		焊件的焊接面被加热到能够熔化焊锡丝的温度时，将焊锡丝从烙铁对面接触焊件。千万不要把焊锡丝送到烙铁头部。这时，焊锡丝开始熔化并润湿焊点
移去焊锡丝		当焊锡丝熔化一定量后，立即向左上 45°方向移开焊锡丝
移开电烙铁		待到焊接点有青烟冒出，向右上 45°方向移开烙铁，结束焊接

另外，焊接环境的空气流动不宜过快。切忌在风扇下焊接，以免影响焊接温度。对于热容量小的焊点，可以采用三步焊接操作法。三步焊接操作法的工艺流程：准备→加热焊接部位并同时供给焊锡→移开焊锡丝并同时移开电烙铁。

五、导线焊接

导线焊接在电气安装中占重要位置。在出现故障的电气设备中，导线焊点的失效率高于印制电路板，因此对导线的焊接工艺应特别重视。

1. 导线与接线端子焊接

导线与接线端子焊接有 4 种基本形式：绕焊、钩焊、搭焊、插焊。

（1）绕焊　这种焊接方式是把经过处理的导线端头在接线端子上缠一圈，用钳子拉紧缠牢后进行焊接，如图 2-29a 所示。注意导线绕接时一定要贴紧端子表面，绝缘层不接触端子，一般 L 以 1~3mm 为宜。这种连接可靠性最高，但拆焊较困难。

（2）钩焊　这种焊接方式是将经过处理的导线端头弯成钩形，钩在接线端子的眼孔上并用钳子夹紧后施焊，如图 2-29b 所示，端头处理与绕焊相同。钩焊焊接点机械强度不如绕焊，但便于拆焊，适用于不便绕接的场合，如扁状焊片端子。

（3）搭焊　这种焊接方式是把经过镀锡的导线端头搭在接线端子上施焊，如图 2-29c 所示。这种焊接方法最简便，拆焊最方便，但焊接点机械强度和可靠性都最差，仅用于临时连接或不便于缠、钩的地方及某些接插件上。

（4）插焊　将被焊元器件的引出线、导线插入洞孔形的接点中，然后再进行焊接的工艺过程称为插焊。插焊按引线弯脚分，可分为直脚焊和弯脚焊。插焊方法如图 2-29d 所示。插焊焊接方法方便，速度快，便于拆焊，直脚焊接的机械强度不如弯角焊接。印制电路板上元器件插装和焊接一般采用插焊。

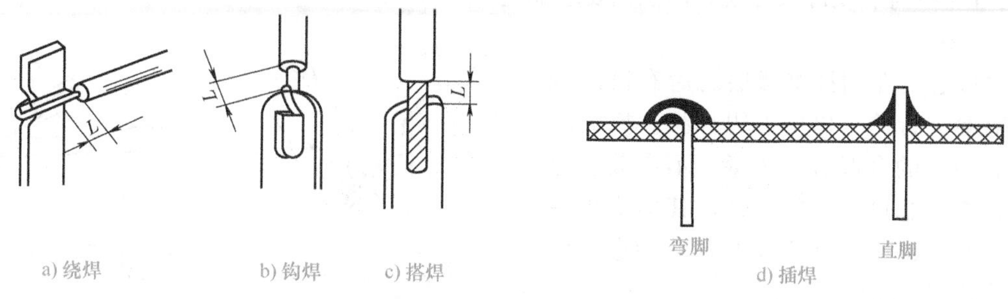

图 2-29 导线与接线端子焊接的基本形式

2. 导线与导线的连接

导线与导线的连接方式以绕焊为主，如图 2-30 所示，操作步骤如下：

1）去掉一定长度的绝缘层。

2）在两根导线端头上镀锡，并套上合适套管。

3）把它们进行绞合，施焊。

4）趁热套上套管，冷却后套管固定在接头处。

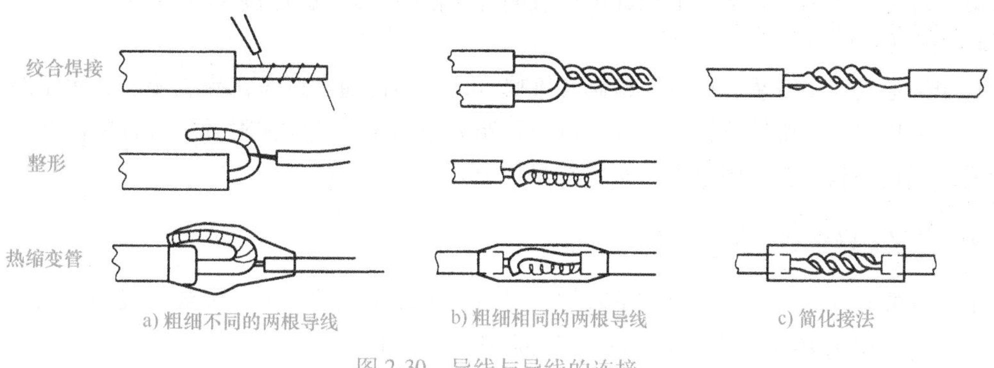

图 2-30 导线与导线的连接

六、绝缘导线加工

绝缘导线的加工工序一般为剪裁、剥头、捻头、上锡、清洁、打印标记等。

1. 剪裁

导线剪裁前，先将绝缘导线或细裸导线拉直，然后用剪刀、钢丝钳、偏口钳等钳口工具按所需的尺寸对导线进行剪切，剪裁的导线长度允许有 5%～10%的正误差，不允许出现负误差，剪切时应先剪切长导线，后剪切短导线，以避免线材的浪费。

2. 剥头

剥头是去除导线和电缆的绝缘层和保护层，露出导线首尾端，使导线首尾端能事先上锡，以便同接点连接，并使接点处具有良好的导电性能。剥头时不应损坏芯线（断股）。剥头的剥离方法有两种：一种是刃截法，另一种是热截法。刃截法工具简单但容易损伤导线，如图 2-31 所示。热截法需要一把热剥皮器或用功能电烙铁代替，热截法的优点是剥头好，不会损伤导线。剥头长度应符合工艺文件对导线的加工要求，其常见尺寸是 2mm、5mm、

8mm、10mm 等，实际尺寸视具体工艺要求而定。

3. 捻头

多股芯线在剥掉绝缘层之后有松散现象，需要进行捻头以便镀锡焊接。捻头时要顺着原来的合股方向捻紧，不许散股也不可捻断，捻过之后的芯线，其螺旋角一般在 30° ~ 40°。如果芯线上有涂漆层，应先将涂漆层去除后再捻头。

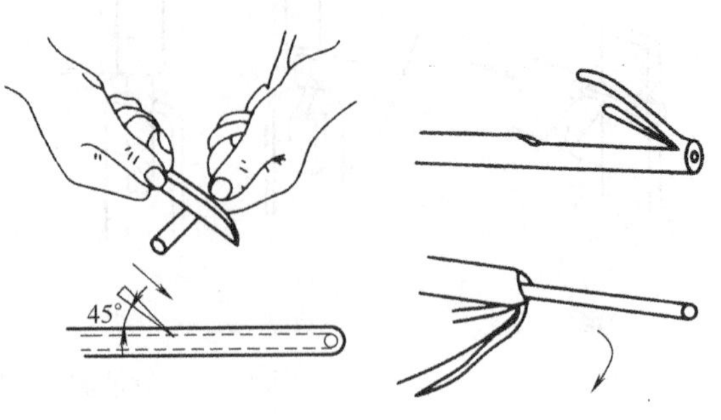

图 2-31 热截法剥头

4. 上锡

待电烙铁加热至能熔化焊锡时，在烙铁上蘸满焊料；将导线端头放在一块松香上，烙铁头压在导线端头，左手慢慢地转动向后拉直到脱离电烙铁为止。当导线端头浸锡后线芯表面应光洁、均匀，不允许有毛刺；绝缘层不能有起泡、烫焦及破裂等现象。

5. 清洁

浸好锡后的导线端头有时会留下焊料或焊剂的残渣，应及时清理，否则会给焊接带来不良后果。清洗液可选用酒精。不允许用机械的方法刮擦，以免损伤芯线。

6. 打印标记

打印标记是为了安装、焊接、检修和维修方便。标记通常打印在导线端子、元器件、组件板、各种接线板、机箱分箱的面板上以及机箱分箱插座、接线柱附近。所有标记都应与设计图样的标记一致，符合国家电气文字符号标准。

七、屏蔽导线加工

屏蔽导线是在导线外加上金属屏蔽层，具有抗电磁干扰的能力。屏蔽导线的加工步骤为剪裁→外绝缘层剥离→金属屏蔽层的加工→芯线加工→预焊。

1. 剪裁

屏蔽导线剪裁的操作方法与绝缘导线加工方法相同。

2. 外绝缘层剥离

用电工刀或剪刀从端头开始划开绝缘层，再从根部用手或镊子钳住划一圈，即可剥离绝缘层，但要注意不可伤及屏蔽层。

3. 金属屏蔽层的加工

屏蔽导线加工除一般导线加工要求外，还要将金属屏蔽层与线芯分开，俗称屏蔽层抽头。用镊子将屏蔽层的铜网放松，用划针在铜网适当距离处挑出一个小孔，并用镊子把小孔扩大，弯曲屏蔽层，从孔中取出内层绝缘导线，如图 2-32 所示。

屏蔽层不接地时，可以采用两种方法：其一是将屏蔽层端头处扩张、修齐，套上绝缘套管，并用棉丝绳绑扎；其二是在屏蔽层和导线之间垫聚四氟乙烯薄膜，再用细铜线缠绕后沿四周镀锡。

屏蔽层接地时，加工方法如图 2-33 所示，将屏蔽层剪齐、捻紧、浸锡即可。根据需要可套上绝缘套管或焊上接线端子。

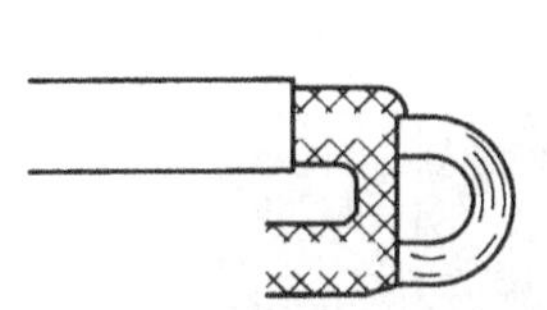

图 2-32　金属屏蔽层的加工

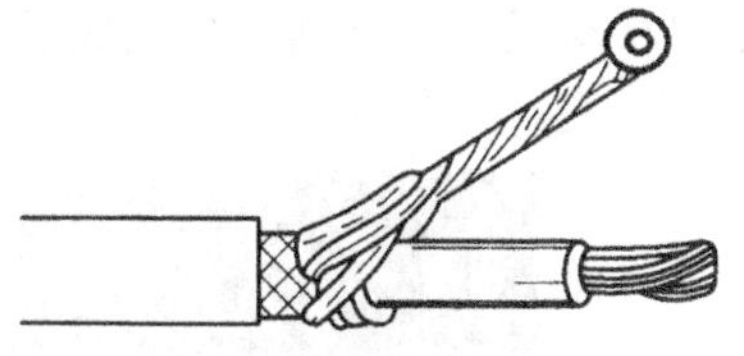

图 2-33　屏蔽层接地的加工方法

4. 芯线加工

屏蔽导线芯线加工方法与绝缘导线加工方法相同。

5. 预焊

屏蔽导线浸锡的方法与绝缘导线相同，金属屏蔽层浸锡时要注意防止焊锡渗透时间过长而形成硬结。

八、线束的加工

1. 线束的分类

在电气设备中，为了使导线走线正确、不凌乱，减少占用空间，常采用导线捆扎工艺。捆扎的导线一般称为线束，线束的分类一般有线绳捆扎、自锁式捆扎带、黏合剂（四氢呋喃）捆扎等。

2. 线束捆扎工艺

（1）线绳捆扎　线绳捆扎就是先打一个开始结，再打若干个中间结，最后打一个结束结（必须打死扣，不然会松散）。

（2）聚四氟乙烯薄膜捆扎　经过测试或调试结束后，用聚四氟乙烯薄膜捆扎，捆扎时节距不能大于 1/2 薄膜带宽度，一边捆扎一边用力拉紧，根据需要也可以把线束捏成扁形，如图 2-34 所示。整个捆扎中不应有导线露出，在端点处用棉绳绑扎。捆扎时应注意在交叉点理顺导线，调节长度。

（3）自锁式捆扎带　自锁式捆扎带用尼龙或塑料制成，使用时把带尖的部分插到孔里，用专用工具或钳子拉紧，最后剪掉多余部分即可，如图 2-35 所示。

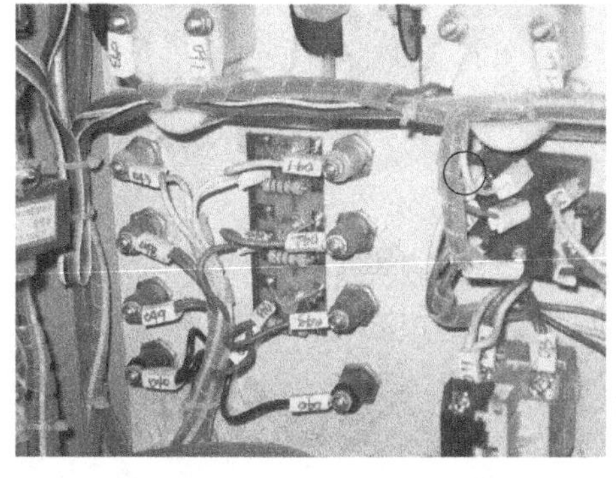

图 2-34　聚四氟乙烯薄膜捆扎

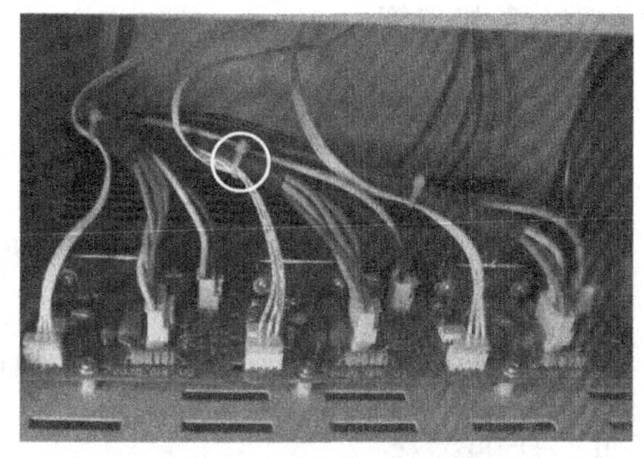

图 2-35　自锁式捆扎带

（4）黏合剂捆扎　黏合剂捆扎一般先把导线按顺序排列好，然后采用四氢呋喃黏合导线外皮，此时不要移动线束，直到黏合完成后才可移动，如图 2-36 所示。

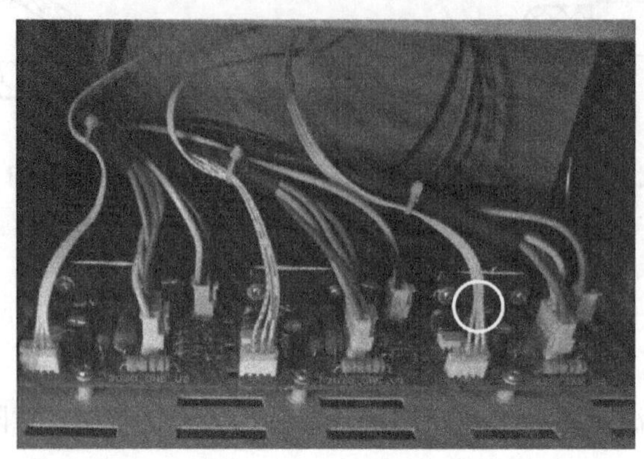

图 2-36　黏合剂捆扎

技能训练

实训 2-3　常用导线的焊接训练

一、实训目的

1）熟练使用各种常用工具和焊接工具，掌握手工焊接操作方法。

2）熟练掌握导线焊接基本操作方法。

3）掌握绝缘导线加工的操作方法。

4）掌握屏蔽导线加工的操作方法。

5）掌握导线线束捆扎的操作方法。

二、实训器材及材料

斜口钳、尖嘴钳、电工刀、剥线钳、压线钳、热风枪等工具，尺、各种不同规格导线、绝缘胶带、黄蜡带等。

三、实训内容和步骤

1）选用合适工具对导线进行剪切练习。

2）分别用剥线钳、剪刀、电工刀对各种规格废旧导线做剥头练习。

3）用正确的方法对剥头后的多股导线进行捻头、浸锡处理。

4）用正确的方法对多股导线进行线束捆扎练习。

四、技能评价

常用导线的焊接训练评价见表 2-6。

表 2-6 常用导线的焊接训练评价表

培训专业		姓名		指导教师		总分	
考核时间		实际时间	自 时 分起至 时 分止				

任务	配分	考核内容	评分标准	学生自评	小组互评	教师评价	得分
工具使用	10 分	1. 能按不同用途选用合适工具 2. 各种工具使用方法正确	1. 各种工具用途不明确，扣 1 分 2. 各种工具使用方法不正确，扣 1 分				
导线剪切	10 分	按工艺要求剪切各种规格的导线	导线尺寸不正确，每根扣 5 分				
剥线	10 分	1. 导线绝缘层完好无损 2. 导线的芯线无损伤、刮痕	1. 导线绝缘层破裂、烫伤，每根扣 3 分 2. 导线的芯线损伤，每根扣 3 分				
导线焊接	20 分	1. 剖削导线线芯是否有损伤 2. 导线与导线之间连接 3. 导线与接线端子之间的连接	1. 剖削导线线芯有损伤，每根扣 2 分 2. 导线进行线焊、钩焊、搭焊不正确，每处扣 2 分 3. 导线与导线连接方法不正确，扣 2 分				
焊点质量	20 分	1. 焊点光滑、均匀 2. 无搭锡、假焊、虚焊、漏焊、焊盘脱落、桥焊、毛刺	1. 焊点无光泽，每点扣 1 分 2. 有搭锡、假焊、虚焊、漏焊、焊盘脱落、桥焊等现象，每处扣 2 分 3. 出现毛刺、焊料过多、焊料过少、焊接点不光滑、大小不均匀、引线过长等现象，每处扣 2 分				
线束捆扎	20 分	1. 多股芯线不松散、无断股 2. 多股芯线捆扎工艺	1. 芯线松散、断股，每根扣 3 分 2. 走线不正确、凌乱，扣 5 分				
安全文明生产	10 分	1. 工具摆放、工作台清洁、余废料处理 2. 严格遵守操作规程	1. 工具摆放不整齐，扣 3 分 2. 工作台清理不净，扣 3 分 3. 违章操作，视情节扣分				
教师签名：							

任务小结

通过本任务的学习，学会导线焊接、绝缘导线加工、屏蔽导线加工、导线线束捆扎基本操作方法并掌握其技术要求。

任务4 常用仪器仪表的使用

知识目标

1. 掌握万用表的结构、工作原理、使用方法及注意事项。
2. 掌握绝缘电阻表的结构、工作原理、使用方法及注意事项。
3. 掌握钳形表的结构、工作原理、使用方法及注意事项。

技能目标

1. 能用万用表进行电阻测量、电压测量、电流测量等操作。
2. 能完成绝缘电阻表的测量操作。
3. 能完成钳形表的测量操作。

素质目标

1. 在万用表、绝缘电阻表、钳形表测量时，养成认真细致的习惯，并确保数据准确可靠。
2. 在使用万用表、绝缘电阻表和钳形表对电路调试时，养成安全意识。
3. 在小组合作中培养团队合作精神。

知识链接

一、万用表

万用表是一种多用途的电工仪表，是从事电工、电器、无线电设备生产和维修最常用的工具，包括指针式万用表和数字式万用表。

（一）指针式万用表

指针式万用表是一种用途广泛的常用测量仪表，其型号很多，但使用方法基本相同。下面以 MF47 型指针式万用表为例介绍万用表的使用。

1. 指针式万用表的组成

万用表主要由测量机构（俗称表头）、测量电路、转换开关和刻度盘四部分构成。MF47型指针式万用表的外形如图 2-37 所示。

（1）表头　万用表的表头通常采用灵敏度高、准确性好的磁电系测量机构，它是万用表的核心部件，其作用是指示被测电量的大小。万用表性能的好坏很大程度上取决于表头的性能。灵敏度和内阻是表头的两项重要技术指标。

灵敏度是指表头的指针达到满刻度时，通过的直流电流的数值，称为满度电流或满偏电流。满偏电流越小，灵敏度越高，一般情况下，万用表的满偏电流在几微安到几百微安之

间。内阻是指磁电系测量机构中线圈的直流电阻，大多数万用表表头内阻在几 kΩ/V 到 100kΩ/V 之间。

（2）转换开关　转换开关的作用是根据被测电量的不同通过转换挡位来选择电量及其量程。它是由多个固定触点和活动触点构成的多刀多掷开关，各刀之间是联动的。转换开关旋钮周围有各种符号，它们的作用和含义分别是：

“Ω”表示电阻挡，以 Ω 为单位。“×”表示倍率，“k”表示 1000，“×k”表示表盘上 Ω 刻度线读数要乘以 1000。

“$\underline{\text{V}}$”表示直流电压挡，以 V 为单位。各分挡上的数值就是量程。

“$\underset{\sim}{\text{V}}$”表示交流电压挡，以 V 为单位。各分挡上的数值与“$\underline{\text{V}}$”挡相同。

“$\underline{\text{A}}$”和“$\underline{\mu\text{A}}$”表示直流电流挡，分别以 mA 和 μA 为单位，各分挡上的数值也表示量程。

图 2-37　指针式万用表

（3）测量电路工作原理　万用表之所以能用一只表头测量多种电量且具有多挡量程，就是因为有测量电路进行转换。测量电路是万用表的中心环节，包括了多量程电流表、多量程电压表和多量程欧姆表等几种转换电路，主要由电阻、电容和整流元件组成。

1）直流电流测量原理。直流电流测量电路如图 2-38 所示，为了扩展电流量程，在表头上并联一个适当的电阻（分流电阻 R_1）进行分流，其中 $I_1R_1=I_0r$，所以 $I_1=rI_0/R$，扩展后的量程为 $I_2=I_1+I_0=rI_0/R+I_0$。改变分流电阻 R_1 的电阻值，就能改变电流测量范围。

2）直流电压测量原理。直流电压测量电路如图 2-39 所示，为了扩展电压量程，在表头上串联一个适当的电阻（倍增电阻 R_1）进行降压，其中 $U_1/r_1=U_0/r$，所以 $U_1=R_1U_0/r$，扩展后的量程为 $U_2=U_1+U_0=R_1U_0/r+U_0$。改变倍增电阻 R_1 的电阻值，就能改变电压的测量范围。

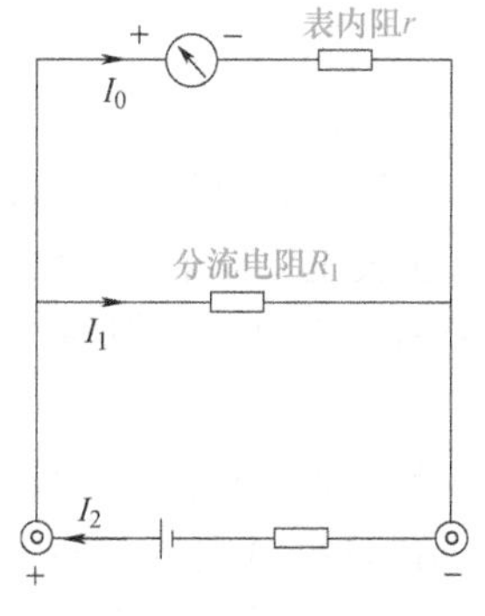

图 2-38　直流电流测量电路

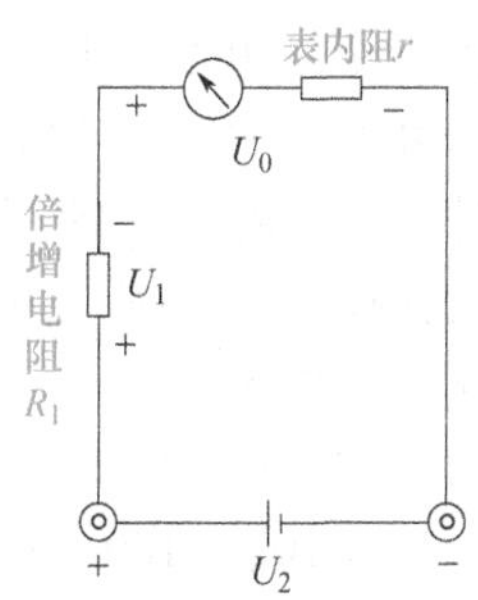

图 2-39　直流电压测量电路

3）交流电压测量原理。交流电压测量电路如图 2-40 所示，因表头是直流表，所以测量交流时，需加装一个并、串式半波整流电路，将交流电进行整流变成直流电后再通过表头，

则扩展后的量程即为 $U_2=U_1+U_0=R_1U_0/r+U_0$。改变倍增电阻 R_1 的电阻值，就能改变电压的测量范围。

4）电阻测量原理。电阻测量电路如图 2-41 所示，在表头上并联和串联适当的电阻，同时串接一节电池，使电流通过被测电阻，根据电流的大小，就可测量出电阻值。其中 $I_0R_0=I_1R_1$，所以 $I_1=R_0I_0/R_1$，即 $I_2=I_1+I_0=R_0I_0/R_1+I_0=(R_1+R_2)I_0/R_1$，根据电压平衡关系，$E=I_2(r+R_x)+I_0R_0$，所以 $R_x=\dfrac{(E-I_0R_0)R_1}{(R_1+R_0)I_0}-r$。改变分流电阻 R_1 的电阻值，就能改变电阻的量程。

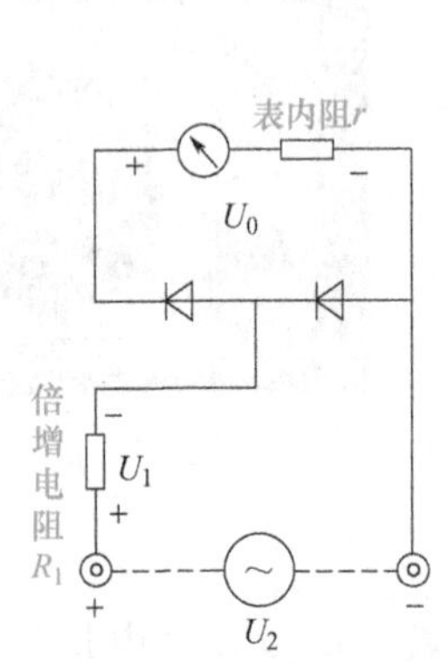

图 2-40　交流电压测量电路

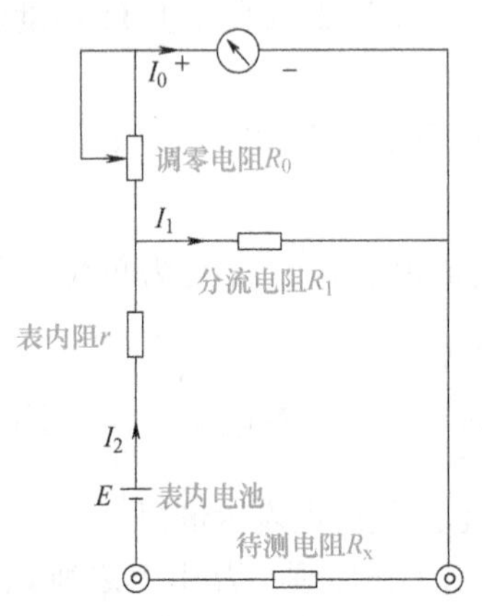

图 2-41　电阻测量电路

（4）刻度盘　万用表是多电量、多量程的测量仪表，为了读数方便，万用表的刻度盘中有多条刻度线，并附有各种符号加以说明。

万用表刻度盘上的刻度和符号有如下的特点：

1）刻度线分均匀和非均匀两种。其中电流和电压的刻度线是均匀的，电阻的刻度线是非均匀的。

2）不同电量用符号和文字加以区别。例如直流量用“—”或“DC”表示，交流量用“~”或“AC”表示，电阻刻度线用“Ω”表示等。

3）为了便于读数，部分刻度线上有多组数字。

4）多数刻度线上没有单位，以便在选择不同量程时使用。

（5）表笔　万用表有两支表笔，一支为黑表笔，接万用表的“-”端插孔或“COM”插孔（在电阻挡时内接表内电池的正极）；另一支为红表笔，接在万用表的“+”端插孔（在电阻挡时内接表内电池的负极）或 2500V 电压端插孔、5A 电流端插孔。

2. 指针式万用表的使用方法

（1）测量电阻　在测量电阻时，应将万用表的转换开关置于电阻（Ω）挡的适当量程。MF47 型万用表有×1、×10、×100、×1k 和×10k 挡。选择量程时应尽量使表针指在满刻度的 2/3 位置，读数才更准确。例如，图 2-42 所示为万用表测量电路，当测量 1. 5kΩ 电阻器时，应选择×100 挡，用测出的读数 15 乘以所选量程值，则被测电阻值 $R=15\times100\Omega=1.5\text{k}\Omega$。测量大电阻时，两手不要同时接电阻器两端或两表笔的金属部位，否则人体电阻会与被测电阻并联，使测量数值不准确。

用 MF47 型万用表测量电阻时，直接将转换开关置于电阻挡的适当量程即可。

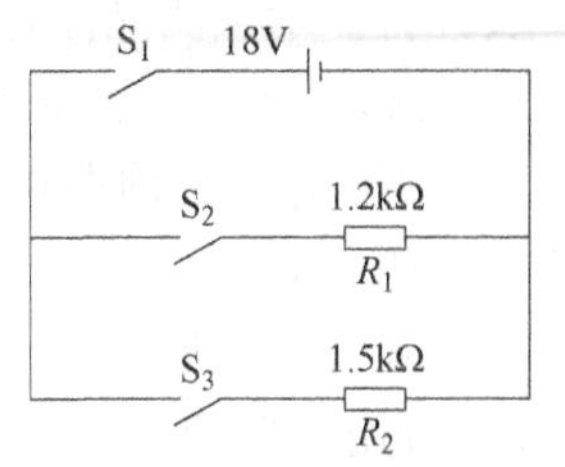

图 2-42 万用表测量电路

在测量电阻之前，要进行调零。即将两表笔短接后，看表的指针是否指在表盘右侧的 0Ω 处。若表针偏离 0Ω 处，则应调节调零旋钮，使表针准确地指在 0Ω 处。若表针调不到 0Ω 处，则应检查表内电池是否电量不足。

在万用表置于电阻挡时，其红表笔内接电池负极，黑表笔内接电池正极。×1～×1k 挡表内电池为 1.5V；×10k 挡表内电池为 9V 或 15V（MF47 型万用表为 15V）。在测量晶体管和电解电容器时，应注意表笔的极性。

注意：

不要带电测量电路中的元器件，不仅得不到正确的测量结果，甚至还会损坏万用表。在测量从电路上拆下的电容器时，一定要将电容器短路放电后再测量。

（2）测量直流电压 将转换开关置于直流电压（V）挡范围内的适当量程。

MF47 型万用表的直流电压挡有 0.25V、1V、2.5V、10V 、50V、250V、500V、1000V 共 8 个量程。转换开关所指数值为表针满刻度读数的对应值。例如，若选用量程为 250V，则表盘上直流电压的满刻度读数即为 250V。若表针指在刻度值 100 处，则被测电压值为 100V。

测量直流电压时，应将万用表并联在被测电路的两端，即黑表笔接被测电源的负极，红表笔接被测电源的正极。极性不能接错，否则表针会反向冲击或被打弯。

若不知道被测电源的极性，则可将万用表的一支表笔接被测电源的某一端，另一支表笔快速触碰一下被测电源的另一端。若表针反方向摆动，则应把两支表笔对调后再测量。

若不知道被测点的电压数值，应选择最大的量程测量，再换适当的量程测量。

（3）测量直流电流 测量直流电流时，万用表的转换开关应置于直流电流（A）挡。MF47 型万用表的直流电流挡有 0.05mA、0.25mA、0.5mA、5mA、50mA、500mA 共 6 个量程，测量时转换开关直接拨至适当量程即可。

测量时，应将万用表串入被测电路中，还应注意表笔的极性，红表笔应接高电位端。电流值的读数方法与测直流电压时相同。

MF47 型万用表有 2500V（交流与直流）电压与 5A 直流电流的测量功能。测量时，应将红表笔从面板上的“+”端插孔拔出后，插入 2500V（交流与直流）电压测量插孔或 5A 直流电流的测量插孔。

（4）测量交流电压 测量交流电压的方法及其读数方法与测量直流电压相似，不同的是测交流电压时万用表的表笔不分正、负极。

图 2-43 所示为用万用表测量电路交流电压，先选择万用表交流电压挡，把红黑表笔分别接变压器绕组上，表头显示测量交流电压。

（5）晶体管放大倍数的测量 MF47 型万用表具有晶体管放大倍数测量功能。测量时，先将转换开关置于 ADJ 挡，两表笔短接后调零，再将转换开关拨至 hFE 挡。然后将被测晶体管的 e、b、c 三个电极分别插在 hFE 测试插座上的相应电极插孔中（大功率晶体管可用引线将其各电极引出，再插入插孔中）。NPN 管插在“N”插座上，PNP 管插在“P”插座上，表针将显示被测晶体管的放大倍数值。

3. 指针式万用表的使用注意事项

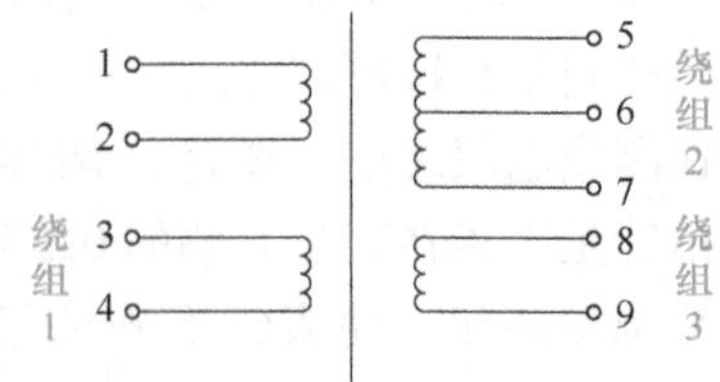

图 2-43　用万用表测量电路交流电压

1）测量前，必须明确被测量的量程挡。如果无法估计被测量的大小，应先拨到最大量程挡，再逐渐减小量程到合适的位置。

2）万用表在使用时一般应水平放置。

3）读数时，视线应正对着表针，若表盘上有反射镜，眼睛看到的表针应与镜中的影子重合。

4）测量完毕，将量程选择开关旋钮旋置最高交流电压挡的位置。

5）长期不用的万用表，应将电池取出，避免电池存放过久而变质，其漏出的电解液会腐蚀零件。

（二）数字式万用表

1. 数字式万用表的组成

数字式万用表的基本组成框图如图 2-44 所示。它主要由两大部分组成：第一部分是输入与变换部分，主要作用是通过电流/电压转换器（*I*/*U* 转换器）、交流/直流转换器（AC/DC 转换器）、电阻/电压转换器（*R*/*U* 转换器）将各被测量转换成直流电压量，再通过量程选择开关，经放大或衰减电路送 A/D 转换器后进行测量；第二部分是 A/D 转换电路与显示部分，其构成和作用与直流数字式电压表的电路相同。因此，数字式万用表是以直流数字式电压表为基本表，配接与之呈线性关系的直流电压/电流、交流电压/电流、欧姆变换器，将各自对应的电参量高准确度地用数字显示出来。

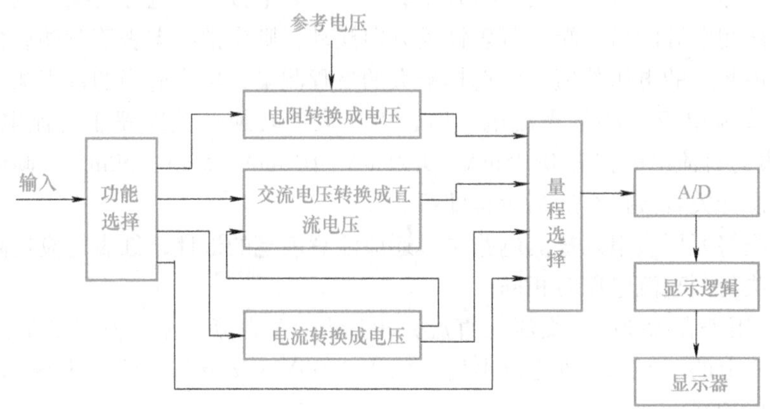

图 2-44　数字式万用表的基本组成框图

2. 数字式万用表的使用方法

VC9205A 型数字式万用表的外形如图 2-45 所示。万用表的上部是液晶显示屏，中间部分是挡位选择旋钮，下部是表笔插孔。

（1）电阻的测量　将黑表笔插入“COM”孔，红表笔插入“VΩ”孔中，把量程选择开关调到“Ω”中所需的量程，将表笔接在电阻两端金属部位，测量中可以用手接触电阻，但不要双手同时接触电阻两端的金属部位，这样会影响测量准确度。读数时，要保持表笔和

电阻有良好的接触。同时注意单位：在“200”挡时单位是Ω，在“2k”到“200k”挡时单位为kΩ，“2M”挡以上的单位是MΩ。

（2）直流电压的测量　电池、随身听电源等电路为直流电压。首先将黑表笔插入“COM”孔，红表笔插入“VΩ”孔。把量程选择开关调到比估计值大的量程（注意：表盘上的数值均为最大量程，“V ⎓”表示直流电压挡，“$\tilde{V}$”表示交流电压挡，“A～”表示交流电流挡），接着把表笔接电源或电池两端，保持接触稳定。数值可以直接从显示屏上读出，若显示为“1.”，则表明量程太小，需要调大量程后再测量。如果在数值左边出现“-”，则表明表笔极性与实际电源极性相反，此时红表笔接的是负极。

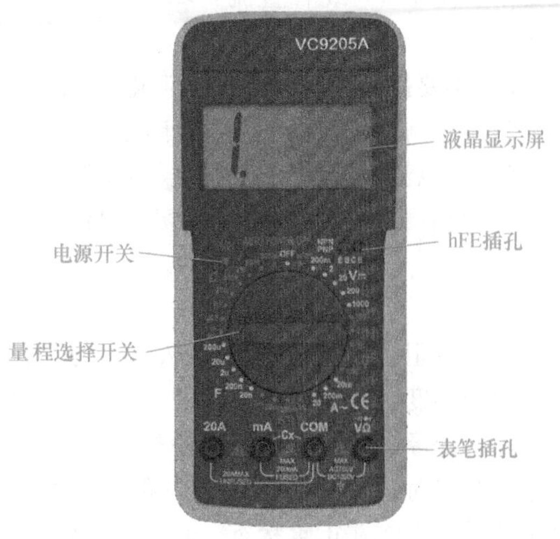

图 2-45　VC9205A 型数字式万用表

（3）交流电压的测量　表笔插孔与测量直流电压时相同，但将量程选择开关调到交流挡“$\tilde{V}$”处所需的量程。交流电压无正负之分，测量方法与上述相同。无论测交流还是直流电压，都要注意人身安全，不要随便用手触摸表笔的金属部分。

（4）直流电流的测量　先将黑表笔插入“COM”孔。若测量大于200mA的电流，则要将红表笔插入“20A”孔并将量程选择开关调到直流“20A”挡；若测量小于200mA的电流，则将红表笔插入“mA”孔，将量程选择开关调到直流200mA以内的合适量程。调整好后，就可以开始测量了。将万用表串入电路中，保持稳定后即可读数。若显示为“1.”，需要加大量程；如果在数值左边出现“-”，则表明电流从黑表笔流进万用表。

（5）交流电流的测量　测量方法与直流电流的测量基本相同，但挡位应该打到交流挡位，电流测量完毕后应将红笔插回“VΩ”孔。

（6）二极管的测量　数字式万用表可以测量普通二极管、发光二极管、整流二极管等。在测量时，表笔位置与电压测量时相同，将量程选择开关调到二极管挡；用红表笔接二极管的正极，黑表笔接负极，这时会显示二极管的正向电压降。锗二极管的电压降是0.15～0.3V，硅二极管为0.5～0.7V，发光二极管约为1.8～2.3V。调换表笔，显示屏显示“1.”则为正常，因为二极管的反向电阻很大，否则此管已被击穿。

（7）晶体管hFE测试　先将量程选择开关调到hFE量程，然后确定晶体管是NPN或PNP型，将基极b、发射极e和集电极c分别插入面板上相应的插孔，此时显示屏上将读出hFE的近似值。测试条件：万用表提供的基极电流 $I_b=10\mu A$，集电极到发射极电压为 $U_{ce}=2.8V$。

3. 数字万用表使用注意事项

1）在使用万用表测量前，一定要先检查测量挡位是否正确。在大多数情况下，数字式万用表的损坏是因为测量挡位错误造成的，如在测量较高电压时，测量挡位选择置于电阻挡，这种情况下表笔一旦接触，瞬间即可造成万用表内部元件损坏。使用完毕后，最好将挡

位置于交流 750V 或者直流 1000V 处，这样下次测量时无论误测什么参数，都不会造成损坏。

2）不要接高于 1000V 的直流电压或高于 700V 的交流有效值电压。

3）不要在量程选择开关处于电阻挡和二极管位置时，将电压源接入。

4）在电池没有装好或后盖没有上紧时，请不要使用此表。

5）只有在测试表笔移开并切断电源以后，才能更换电池或熔断器。

二、绝缘电阻表

绝缘电阻表大多采用手摇发电机供电，故又称摇表。它的刻度是以 MΩ 为单位的，是电工常用的一种测量仪表。绝缘电阻表主要用来检查电气设备、家用电器或电气线路对地及相间的绝缘电阻，以保证这些设备、电器和线路工作在正常状态，避免发生触电伤亡及设备损坏等事故。绝缘电阻表的外形如图 2-46 所示。

图 2-46　绝缘电阻表

1. 正确选用绝缘电阻表

绝缘电阻表的额定电压应根据被测电气设备的额定电压来选择。测量额定电压为 500V 以下的设备，选用 500V 或 1000V 的绝缘电阻表；测量额定电压为 500V 以上的设备，应选用 1000V 或 2500V 的绝缘电阻表；对于绝缘子、母线等，要选用 2500V 或 3000V 的绝缘电阻表。

2. 使用前检查绝缘电阻表是否完好

将绝缘电阻表水平平稳放置，检查指针偏转情况：将 E、L 两端开路，以约 120r/min 的转速摇动手柄，观测指针是否指到“∞”处；然后将 E、L 两端短接，缓慢摇动手柄，观测指针是否指到“0”处，经检查完好才能使用。

3. 正确使用绝缘电阻表

1）将绝缘电阻表放置平稳牢固，被测物表面擦拭干净，以保证测量正确。

2）正确接线。绝缘电阻表有 3 个接线柱：线路（L）、接地（E）、屏蔽（G）。根据不同测量对象，做相应接线。

如图 2-47 所示，测量电路对地绝缘电阻时，E 端接地，L 端接于被测电路上；测量电机或设备绝缘电阻时，E 端接电机或设备外壳，L 端接被测绕组的一端；测量电机或变压器绕组间绝缘电阻时，先拆除绕组间的连接线，将 E、L 端分别接于被测的两相绕组上；测量电缆绝缘电阻时，E 端接电缆外表皮（铅套）上，L 端接线芯，G 端接芯线最外层绝缘层。

3）由慢到快摇动手柄，直到转速达 120r/min 左右时，保持手柄的转速均匀、稳定，一般转动 1min，待指针稳定后读数。

4）测量完毕，待绝缘电阻表停止转动和被测物接地放电后，才能拆除连接导线。

4. 使用绝缘电阻表的注意事项

因绝缘电阻表本身工作时产生高压电，为避免人身及设备事故，必须注意以下几点：

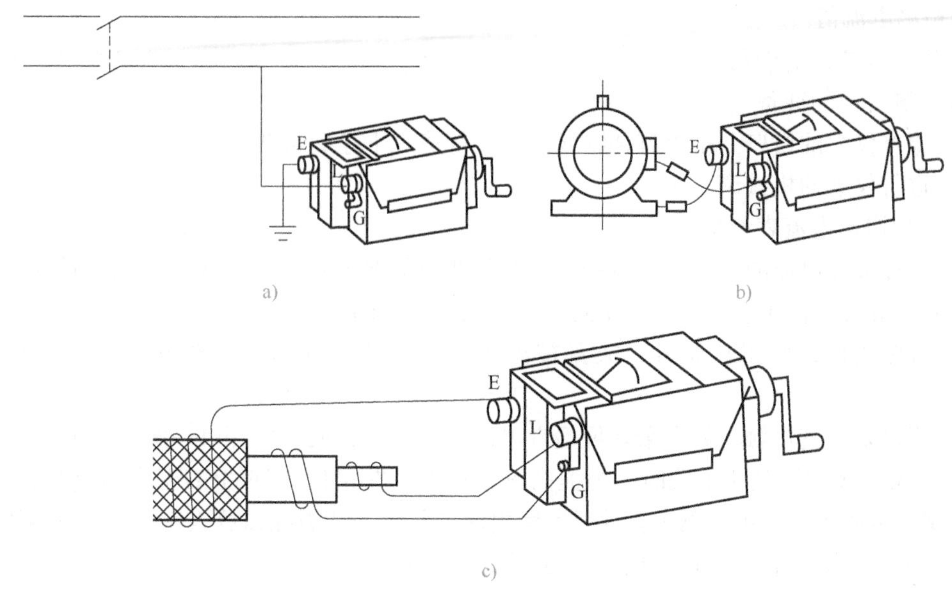

图 2-47　绝缘电阻表的连接方法

1）不能在设备带电的情况下测量其绝缘电阻。测量前被测设备必须切断电源和负载，并进行放电；已用绝缘电阻表测量过的设备如要再次测量，也必须先接地放电。

2）绝缘电阻表测量时要远离大电流导体和外磁场。

3）与被测设备的连接导线应用绝缘电阻表专用测量线或选用绝缘强度高的两根单芯多股软线，两根导线切忌绞在一起，以免影响测量准确度。

4）测量过程中，如果指针指向“0”位，表示被测设备短路，应立即停止转动手柄。

5）被测设备中如有半导体器件，应先将其插件板拆去。

6）测量过程中不得触及设备的测量部分，以防触电。

7）测量电容性设备的绝缘电阻时，测量完毕，应对设备充分放电。

三、钳形电流表

钳形电流表是一种不需要断开电路就可以直接测量交流电路的便携式仪表，这种仪表测量精度不高，可对设备或电路的运行情况做粗略的了解，由于使用方便，应用很广泛。

1. 钳形电流表的结构

如图 2-48 所示，钳形电流表由电流互感器和电流表组成。互感器的铁心制成活动开口，且成钳形，活动部分与手柄相连。

图 2-48　钳形电流表

2. 钳形电流表的工作原理

当紧握钳柄时电流互感器的铁心张开，可将被测载流导线置于钳口中，该载流导线成为电流互感器的一次绕组。关闭钳口，在电流互感器的铁心中就有交变磁通通过，互感器的二次绕组中产生感应电流。电流表接于二次绕组两端，指针所指示的电流与钳入的载流导线的工作电流成正比，可直接从刻度盘上读出被测电流值。

3. 钳形电流表的使用

(1) 测量前的准备

1) 检查仪表的钳口上是否有杂物或油污，待清理干净后再测量。

2) 进行仪表的机械调零。

(2) 用钳形电流表测量

1) 估计被测电流的大小，将量程选择开关调至需要的挡位。如果无法估计被测电流的大小，先用最大量程测量，然后根据测量情况调到合适的量程。

2) 握紧钳柄，使钳口张开，放置被测导线。为减少误差，被测导线应置于钳口的中央。

3) 钳口要紧密接触，如有杂音可检查钳口是否干净，或重新开口一次，再闭合。

4) 测量 5A 以下的小电流时，为提高测量精度，在条件允许的情况下，可将被测导线多绕几圈，再放入钳口进行测量。此时实际电流应是仪表读数除以放入钳口中的导线圈数。

5) 测量完毕，将量程选择开关拨至最大量程挡位。

4. 钳形电流表的使用注意事项

1) 被测电路的电压不可超过钳形电流表的额定电压。钳形电流表不能测量高压电气设备。

2) 不能在测量过程中转动量程选择开关换挡。在换挡前，应先将载流导线退出钳口。

任务小结

通过本任务的学习，学会万用表、绝缘电阻表、钳形电流表的工作原理、基本测试方法、使用注意事项等；能熟练使用万用表、绝缘电阻表、钳形电流表，掌握测试电路时的技术要求。

思考与练习

一、选择题

1. 拧螺钉时应该选用（　　）。

A. 规格一致的螺钉旋具　　B. 规格大一号的螺钉旋具，省力气

C、规格小一号的螺钉旋具，效率高　　D. 全金属的螺钉旋具，防触电

2. 钢丝钳（电工钳子）一般用在（　　）操作的场合。

A. 低温　　B. 高温　　C. 带电　　D. 不带电

3. 扳手的手柄长度越短，用起来越（　　）

A. 麻烦　　B. 轻松　　C. 省力　　D. 费力

4. 使用扳手拧螺母时，应该将螺母放在扳手口的（　　）。

A. 前部　　B. 后部　　C. 左边　　D. 右边

5. 活扳手可以拧（　　）规格的螺母。

A. 一种　　B. 两种　　C. 几种　　D. 各种

6. 甲、乙两同学使用指针式万用表欧姆挡测同一个电阻时，他们都把量程选择开关旋

到×100 挡，并能正确操作，他们发现指针偏角太小，于是甲把量程选择开关旋到×1k 挡，乙把量程选择开关旋到×10 挡，但乙重新调零，而甲没有重新调零，则以下说法正确的是（　　）。

A. 甲选挡错误，而操作正确　　B. 乙选挡正确，而操作错误

C. 甲选挡错误，操作也错误　　D. 乙选挡错误，而操作正确

7. 用指针式万用表测量直流电压 U 和电阻 R 时，若红表笔插入“+”插孔，则（　　）。

A. 前者（测电压 U）电流从红表笔流入，后者（测电阻 R）电流从红表笔流出

B. 前者电流从红表笔流出，后者电流从红表笔流入

C. 前者电流从红表笔流入，后者电流从红表笔流入

D. 前者电流从红表笔流出，后者电流从红表笔流出

8. 用万用表欧姆挡测电阻时，下列说法正确的是（　　）。

A. 测量前必须调零，而且每测一次电阻都要重新调零

B. 为了使测量值比较准确，应该用两手分别将两表笔与待测电阻两端紧紧捏在一起，以使表笔与待测电阻接触良好

C. 待测电阻若是连接在电路中，应当先把它与其他元件断开后再测量

D. 使用完毕应当拔出表笔，并把量程选择开关旋到 OFF 挡或交流电压最高挡

9. 欧姆表电阻调零后，用×10 挡测量一个电阻的电阻值，发现表针偏转角度极小，正确的判断和做法是（　　）。

A. 这个电阻值很小

B. 这个电阻值很大

C. 为了把电阻测得更准一些，应该用×1 挡，重新调零后再测量

D. 为了把电阻测得更准一些，应该用×100 挡，重新调零后再测量

10. 将量程选择开关转到蜂鸣挡位置，两表笔分别接测试点，若（　　），则蜂鸣器会响。用此方法可以检测电路的通断情况。

A. 通路　　B. 短路　　C. 断路　　D. 不确定

二、填空题

1. 低压验电器的测试范围是__________。

2. 电工刀刀柄处没有绝缘，不能用于__________操作。

3. 剖削塑料单股线绝缘层的顺序：选择合适的剖削__________，用剥线钳刀口切割__________，应不伤__________。

4. 在 380V 电路上恢复导线绝缘时，必须先包扎__________黄蜡带，然后再包一层绝缘胶带。

5. 220V 单相、0.4kW 手电钻工作电流约为__________A。提示：$I=8P_N$（额定功率单位为 kW）。

6. 家庭照明配电电路，其导线截面积一般是 1.5mm^2、2.5mm^2、4mm^2，材质为铜或铝导线，铜导线以每平方毫米允许通过的电流为 6A 计，铝导线则为__________A。

三、问答题

1. 如何进行单股导线的直线连接和 T 形分支连接？

2. 如何进行七股导线的直线连接和 T 形分支连接？

3. 导线绝缘层剖削后恢复绝缘的操作步骤有哪些？
4. 手工焊接时助焊剂的作用是什么？
5. 简述手工焊接的操作步骤。
6. 使用数字式万用表测量交、直流电压时应注意哪些问题？
7. 钳形电流表使用时都有哪些注意事项？
8. 绝缘电阻表使用时应如何接线？

项目3

照明线路安装与调试

任务1　白炽灯电路的明线安装与调试

知识目标

1. 了解各种低压内线工程主要材料的种类、用途及使用方法。
2. 了解开关、灯座、常用低压控制电器的使用方法。
3. 熟悉识读施工线路图的方法。

技能目标

1. 能设计电路布线图。
2. 能读懂白炽灯电路明线安装位置图，合理安装元器件。
3. 能完成白炽灯电路明线安装布线。
4. 能对白炽灯明线电路进行调试。

素质目标

1. 在元器件检测时，养成认真细致的习惯，确保数据准确可靠。
2. 在电路安装时，严格规范操作，树立质量监控责任。
3. 在电路布线时，节约用线，养成节约资源意识。
4. 在小组合作安装布线中培养团队合作精神。
5. 在电路调试中，养成安全意识。

知识链接

一、电线、电缆

电线和电缆为电流载体、通道。通常将 1 根或 2 根绝缘导线结合为一体的导线称为电线。而将多根绝缘线结合为一体的导线称为电缆。电缆通常有较高的抗拉强度和很好的保护外层。

1. 室内低压配电电线种类

电线根据芯线金属材料不同，可分铜线和铝线，又根据绝缘材料不同细分为橡皮绝缘铜（铝）线和聚乙烯、聚氯乙烯、丁腈聚氯乙烯电线等。

常用的电线、电缆有裸导线、电磁线、绝缘电线电缆和通信电缆等，常用的导线如图 3-1 所示。

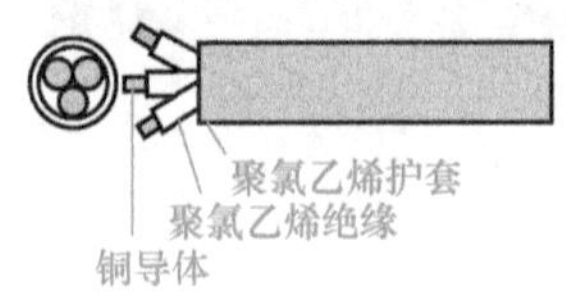

a) 铜芯聚氯乙烯护套电缆

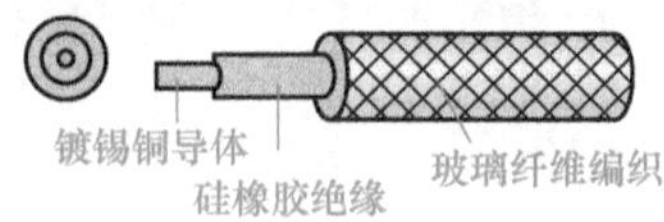

b) 硅胶玻璃纤维编织镀锡铜导线

图 3-1　常用的导线

裸导线是指没有绝缘层的单股或多股铜线和铝线、镀锡铜线和架空铝绞线等，主要用于架空连接线、电子设备中接地连接线及元器件的引出线等。

电磁线是指有绝缘层的圆形或扁形铜线和铝线。绝缘方式有涂漆和漆层外缠绕丝包、纸两种。例如，绕制变压器线圈的漆包线和收音机天线线圈所用的多股纱包线都属于电磁线。

绝缘电线电缆一般由导电的芯线、绝缘层和保护层组成。它的分类方式有多种，按芯线个数分，有单芯、二芯、三芯和多芯等；按使用要求分，有硬线、软线、移动线、特别柔线等；并有各种不同规格的线径。它主要用作交直流电气设备及照明线路中的连接线，以及 250V 以下电器仪表及自动化装置等设备的屏蔽线。

通信电缆包括电信系统中各种通信电缆、射频电缆、电话线和广播线等。

常用低压电线种类及应用范围详见表 3-1，常用低压电缆种类及应用范围见表 3-2。

表 3-1　常用低压电线种类及应用范围

铜芯电线名称	型号	应用范围
橡皮绝缘线（硬）	BX	用于交流 500V、直流 1000V 以下
橡皮绝缘线（软）	BXR	可明暗敷设。带护套可直埋地下 1.5m
聚氯乙烯绝缘线（硬）	BV	暗敷布线
聚氯乙烯绝缘线（软）	RVR	固定式电器的连接
聚氯乙烯绝缘线（护套）	BVV	可作为明敷布线
聚氯乙烯绝缘、平行（软）	RVB	用于交流 500V 以下
聚氯乙烯绝缘、绞合（软）	RUS	固定式电器的连接
聚氯乙烯绝缘线（软护套）	RVV	移动式电器的连接
聚氯乙烯绝缘线（屏蔽）	BVR	用于交流 150V 以下，须屏蔽处应用
聚氯乙烯绝缘线（屏蔽硬）	BVVP	可用作电气系统的控制线或信号线

（续）

铜芯电线名称	型号	应用范围
聚氯乙烯绝缘线（屏蔽软）	RVVP	适用于抗干扰场合，一般用于仪表盘、仪器设备、楼宇对讲系统等设备
橡皮绝缘线（硬）	BlX	用于交流500V、直流1000V以下
聚氯乙烯绝缘线（硬）	BLV	适用于交流450/750V及以下动力装置，日用电器、仪表及电信设备用电电线电缆
聚氯乙烯绝缘线（护套）	BLVV	适用于交流额定电压450/750V及以下的动力装置的固定敷设

表 3-2 常用低压电缆种类及应用范围

电缆	型号	应用范围
铜芯铅包电缆	ZL、ZQ	室内、沟道、地埋、管道中
聚氯乙烯绝缘护套电缆	VLV、VV	
橡皮绝缘聚氯乙烯护套电缆	XLV（铝） XV（铜）	

2. 电线安全电流

导线具有一定电阻，线路越长电阻越大。电流流过时，电阻不可避免地产生热量，并引起电压降，使输电、用电效率降低，更严重的是发热有破坏绝缘、引发事故的隐患。因此，在应用电线时，必须限定应用电流大小，规定安全电流。

表3-3~表3-5为各类电线在不同温度环境下的安全电流。

表 3-3 聚氯乙烯绝缘线明敷的安全电流（最高使用65℃） （电流单位：A）

截面积/mm^2	BLV（铝芯）				BV、BVR（铜芯）			
	25℃	30℃	35℃	40℃	25℃	30℃	35℃	40℃
1.0	—	—	—	—	19	17	16	15
1.5	18	16	15	14	24	22	20	18
2.0	25	23	21	19	32	29	27	25
4.0	32	29	27	25	42	39	36	33
6.0	42	39	36	33	55	51	47	43
10.0	59	55	51	46	75	70	64	59

表 3-4 橡皮绝缘线明敷的安全电流（最高使用65℃） （电流单位：A）

截面积/mm^2	BLX、BLXF铝芯				BX、BXE铜线		
	25℃	30℃	35℃	40℃	25℃	30℃	35℃
1.0	—	—	—	—	21	19	18
1.5	—	—	—	—	27	25	23

（续）

截面积/mm²	BLX、BLXF 铝芯				BX、BXE 铜线		
	25℃	30℃	35℃	40℃	25℃	30℃	35℃
2.0	27	25	23	21	53	32	30
4.0	35	32	30	27	45	42	38
6.0	45	42	38	35	58	54	50
10.0	65	60	56	51	85	79	73

表 3-5 聚氯乙烯绝缘线穿硬塑管敷设的安全电流（最高使用 65℃） （电流单位：A）

截面积/mm²	二根单芯				管径/mm	三芯				管径/mm	四芯			
	25℃	30℃	35℃	40℃		25℃	30℃	35℃	40℃		25℃	30℃	35℃	40℃
1.0	12	11	10	9	(15)	11	10	9	8	15	10	9	8	7
1.5	16	14	13	12	15	15	14	12	11	15	13	12	11	10
2.5	24	22	20	18	15	21	19	18	16	15	19	17	16	15
4	31	28	26	24	20	28	26	24	22	20	25	23	21	18
6	41	38	35	32	20	36	33	31	28	20	32	29	27	25
10	56	52	48	44	25	49	45	42	38	25	44	41	38	34

二、低压线路控制电器

供电线路入户后，要分层次进行开关控制及安全保护。常用的控制电器有刀开关、断路器、熔断器等。

近年来，断路器大量应用，基本上淘汰了刀开关和熔断器，但仍有一些电气控制电路上使用刀开关。

1. 刀开关

（1）刀开关结构、符号　刀开关结构、符号如图 3-2 所示。刀开关结构简单、操作方便、工作可靠。开关与熔断器结合为一体，十分紧凑，方便于配电箱中应用。刀开关分双极式、三极式两类，有多种规格供选用。表 3-6 为 HK1 型刀开关系列产品数据。

表 3-6 HK1 型刀开关系列产品数据

额定电流/A	极数	外形安装尺寸		
		长/mm	宽/mm	高/mm
15	2	56	50	157.5
30	2	65	57	180.0
60	2	81	67	215.0
15	3	63	76	170.5
30	3	68	92	209.5
60	3	89	108	248.0

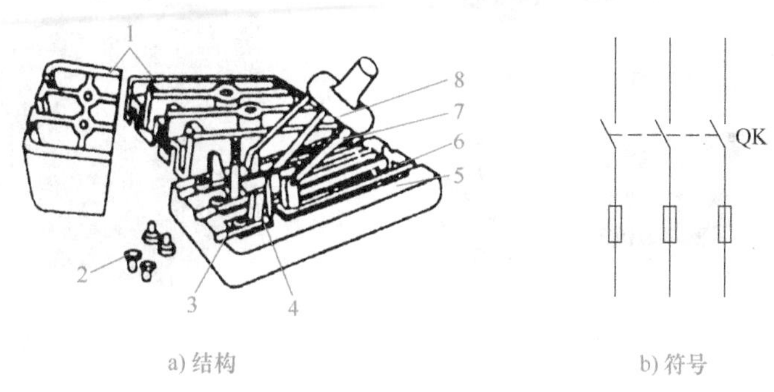

a) 结构　　b) 符号

图 3-2　刀开关结构、符号

1—外壳　2—螺钉　3—接线柱　4—静触头　5—底座　6—熔丝及接线柱　7—动触头　8—手柄

（2）刀开关的选用

1）刀开关为低压电器设备，使用交流电压不应超过 500V，直流电压不应超过 440V。

2）刀开关的额定电流应大于电路最大计算电流。对频繁起动的大负载电动机电路，因起动冲击电流较大，选用刀开关的额定电流值应大于电路常态电流的 2~3 倍。

注意：

刀开关在安装时不得平装或倒装。

2. 低压断路器

低压断路器的特点：触点利用空气灭弧装置灭弧，能在过电流或短路时，自动断开电路实现电路保护。部分产品还与漏电保护器组合联运，进行漏电保护。这类开关结构精巧、安装方便、工作可靠，目前应用极为普遍。

（1）低压断路器外形及结构

1）小容量低压断路器外形及结构如图 3-3 所示。

2）低压断路器动作原理图如图 3-4a 所示，符号如图 3-4b 所示。

工作原理如下：

图 3-4a 中，现状态为电路接通状态。接通时：按接通按钮 14，此时锁扣 3 右移压缩弹簧 16，锁扣 3 与搭扣 4 勾紧，电路三相主触点闭合，电路处于正常通路。而 3、4、16 处于激发状态，即“结扣”状态。

手动脱扣：只要按下停止按钮 15，则搭扣 4 和锁扣 3 脱离，锁扣 3 被弹簧 16 推开使动触点左移，断开电路，这一过程称为手动脱扣。手动脱扣是人工切断电源的关闭过程。

短路脱扣：当电路短路时，电路中电流远远超过额定工作电流并超过规定脱扣电流。此时，电磁脱扣器 6 磁力猛增，吸动电磁脱扣器衔铁 8，使杠杆 7 上移推动搭扣 4 上扬，3 与 4 脱扣断开线路。

过电流脱扣：当电路长时间过电流时，如果过电流量不是猛增，且过电流不大，热金属片 12 被长时间加热后，渐渐弯曲变形。当过电流值超出规定脱扣电流时，弯曲的金属片推

a) DZ47-63系列低压断路器

b) DZ5-20系列低压断路器

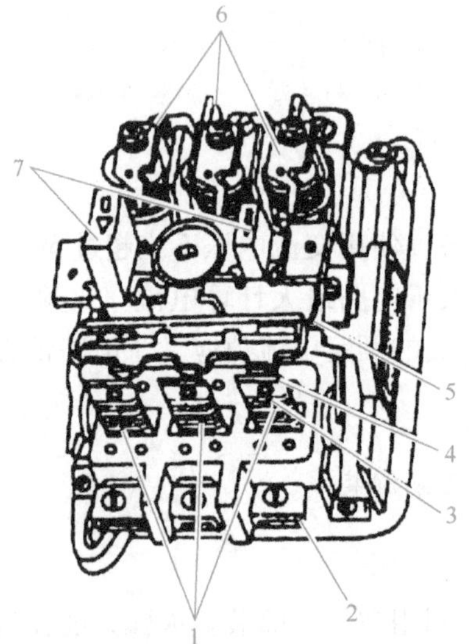

c) DZ5-20低压断路器内部结构

图 3-3　小容量低压断路器外形及结构

1—热脱扣器　2—接线柱　3—静触头　4—动触头　5—自由脱扣器　6—电磁脱扣器　7—按钮

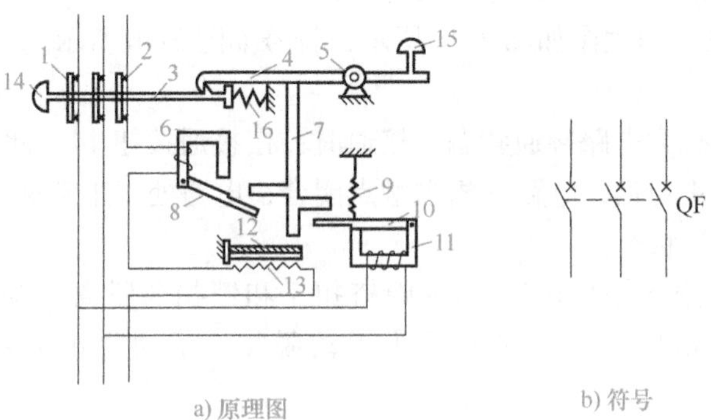

a) 原理图　　b) 符号

图 3-4　低压断路器动作原理图和符号

1—动触头　2—静触头　3—锁扣　4—搭扣　5—转轴座　6—电磁脱扣器　7—杠杆　8—电磁脱扣器衔铁　9—拉力弹簧　10—欠电压脱扣器衔铁　11—欠电压脱扣器　12—热金属片　13—热元件　14—接通按钮　15—停止按钮　16—弹簧

动杠杆 7 使机构脱扣。短路脱扣反应及时，过电流脱扣反应缓慢、对短时间过负载并不脱扣，有利于电动机起动冲击。

欠电压脱扣：有些电气设备不允许欠电压运行。欠电压脱扣器 11 执行欠电压脱扣功能。当电路电压为额定时，欠电压脱扣磁铁正常吸合，如果电压低于脱扣电压则欠电压，电磁铁吸力大减，释放欠电压脱扣器衔铁 10，欠电压脱扣器衔铁 10 在拉力弹簧 9 的作用下推动杠杆 7 上移，使机构脱扣断电。

（2）低压断路器型号及表示方法　国产低压断路器全型号表示方式和含义，如图 3-5 所示。

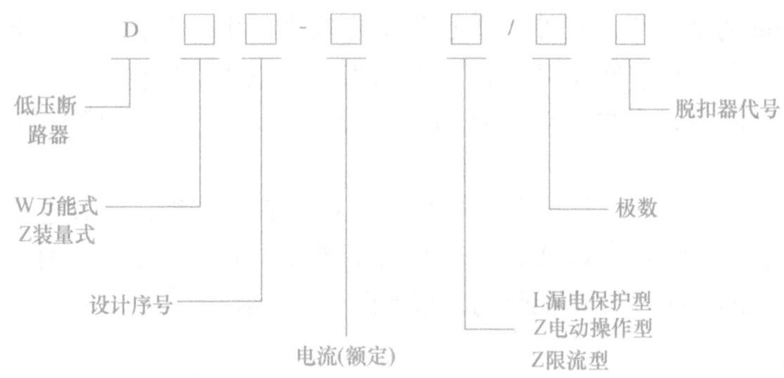

图 3-5　低压断路器全型号表示方式和含义

三、电灯

电灯是将电能转变为光能的用电器，是最常用的电光源。常用灯有白炽灯、荧光灯、节能灯、LED 灯、汞灯、碘钨灯等多种。

1. 白炽灯

白炽灯泡是应用最早但已逐步退出市场的照明灯泡。

普通白炽灯额定电压为 220V，代号为 PZ，按耗电功率分 11 个规格：15W、25W、40W、60W、75W、100W、150W、200W、300W、500W、1000W。我国白炽灯灯头分螺口和插口两种。150W 以上大功率灯头尺寸加大，使用时要注意选配。灯泡标准规定格式及含义如图 3-6 所示。

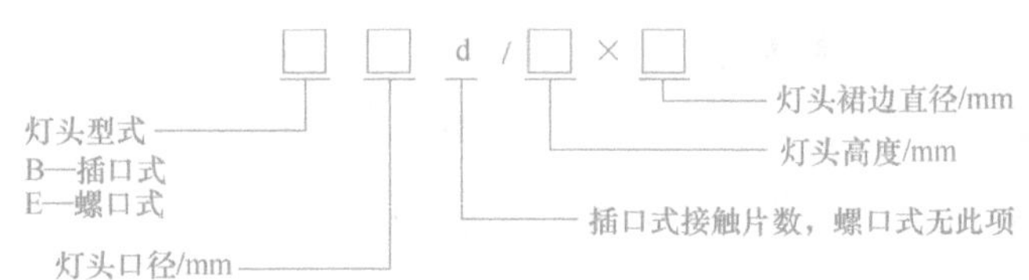

图 3-6　灯泡标准规定格式及含义

2. 气体放电灯

气体放电灯不同于白炽灯，它是利用金属蒸气在电场作用下进行电离放电发光的电光源。常用气体放电灯有高压汞灯、钠灯、荧光灯等。

荧光灯发出的可见光光谱接近于日光，适宜人的视觉习惯。荧光灯发光效率高，约为白炽灯的2~3倍以上，使用寿命长。

荧光灯有管型（YZ型）、环型（VRR）、U型（YU）、节能型、光色型，管型分细管、粗管节能型等，光色型又分绿（RC-40）、红（RH-40）等。

3. 节能灯

节能灯点亮时首先经过电子镇流器给灯丝加热，灯丝开始发射电子（灯丝上涂有电子粉），电子碰撞灯管内的氩原子，氩原子碰撞后获取能量又撞击内部的汞原子，汞原子在吸收能量后跃迁电离，灯管内构成等离子态。灯管两端电压直接经过等离子态导通并发出波长为253.7nm的紫外线，紫外线激起荧光粉发光。由于节能灯工作时灯丝的温度比白炽灯的低很多，所以它的使用寿命也有很大提高，达到5000h以上，并且由于它运用效率较高的电子镇流器，不存在白炽灯的电流热效应，荧光粉的能量转换效率也较高，因此节约电能。

按灯管外形不同，节能灯主要分为U形管、螺旋管、直管，还有莲花形、梅花形等。按螺口大小节能灯分为E27、E14等，字母E表示螺口灯座或灯头，E后的数字表示灯座螺纹外径的整数值，单位是mm。节能灯的外形如图3-7所示。

四、灯控开关

图3-7　节能灯的外形

1. 灯控开关种类

灯控开关主要有墙壁板式开关、搬动开关、拉线开关、瓷防水拉线开关等。

目前民用开关几乎全部用墙壁板式开关，其他几种开关除特殊需要，基本被淘汰。

墙壁板式开关生产厂家极多，系列在几十种以上，墙壁板式开关的外形如图3-8所示。通常一块面板设1~4个开关或复合1~2个插座。开关分单控、双控。

a) 一开单联开关

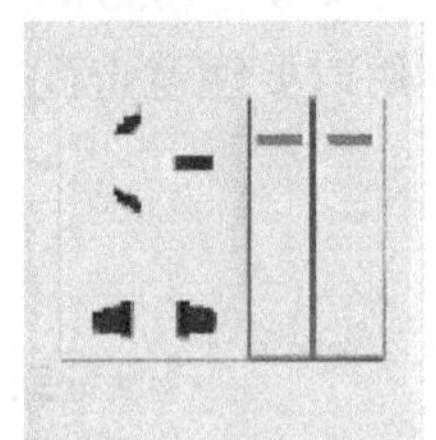
b) 二开双控五孔开关

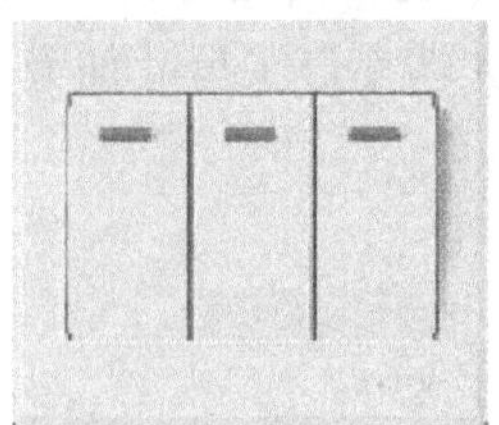
c) 三开双联开关

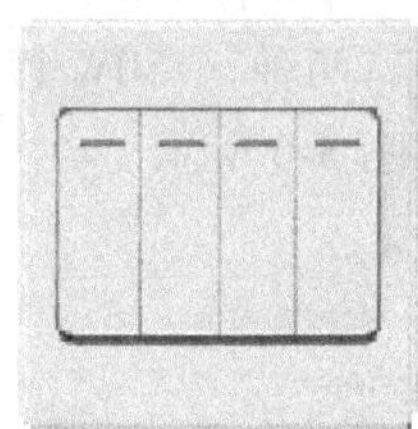
d) 四开双联开关

图3-8　墙壁板式开关的外形

2. 开关的允许电压、电流

交流电压为250V，电流为5A、10A、15A等。

五、电气工程识图

（一）低压配电线路基础知识及识图

1. 图形符号

（1）线路图形符号　线路图形符号见表3-7。

表3-7　线路图形符号

序号	名称	图形符号
1	线路一般符号	
2	控制线路	
3	母线	
4	接地装置	
5	导线分支	
6	导线交越	
7	导线引上、引下	
8	电缆中间接线盒	
9	电缆终端头	
10	接地	
11	进户线及装置	
12	线路避雷器	

1）线路符号的意义表示管线位置走向，结合文字符号表示线路结构、导线根数及规格，以及敷设方式。例如BV-3×6+2×3DG32，表示该线路采用外径为32mm的钢管穿耐压500V等级的聚氯乙烯绝缘铜芯导线，截面积为6mm^{2}的铜芯导线3根，再加上截面积为3mm^{2}的铜芯导线2根。有时线路导线根数较少，3根以下时可用符号表示。

2）引上、引下符号表示管路走向，如GE表示线路由下引来，G表示由下引来后又向上引去，即表示在此过路又表示在此分支。

（2）配电箱图形符号　配电箱图形符号见表3-8，它只表示用电类别。安装方式和型号、尺寸用文字标注，有时也由施工方选用。

表 3-8 配电箱图形符号

序号	名称	图形符号
1	一般箱	
2	电力配电箱	
3	照明配电箱	
4	多种电源配电箱	
5	电源自动切换箱	
6	电话交接箱	
7	有线广播接线箱	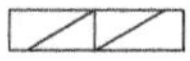

（3）接线盒图形符号 接线盒图形符号见表 3-9，在图样上一般只画中间接线盒和分支接线盒，缓冲接线盒等其他接线盒按线路长度和弯曲数在施工中决定。

表 3-9 接线盒图形符号

序号	名称	图形符号
1	中间接线盒	
2	中间分支接线盒	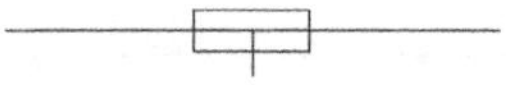
3	缓冲接线盒	
4	按钮接线盒	
5	电话接线盒	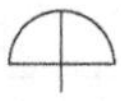

（4）开关插座图形符号 开关插座图形符号见表 3-10。

表 3-10 开关插座图形符号

序号	名称	图形符号
1	单极开关	
2	双极开关	
3	三极开关	

（续）

序号	名称	图形符号
4	双控开关	
5	带熔断器刀开关	
6	双极带熔断器刀开关	
7	三极带熔断器刀开关	
8	断路器	
9	明装单相两孔插座	
10	明装单相带接地插座	
11	明装三相带接地插座	
12	暗装单相两孔插座	
13	暗装单相带接地插座	
14	暗装三相带接地插座	
15	暗装盒内组合插座	
16	单相暗插座	

（5）灯具图形符号　灯具图形符号数量较多，大部分不常使用，表3-11为主要灯具图形符号。

表3-11　主要灯具图形符号

序号	名称	图形符号
1	一般灯具	○
2	安全灯	⊖
3	单管荧光灯	├──┤

（续）

序号	名称	图形符号
4	双管荧光灯	
5	壁灯	
6	顶棚灯	

2. 图样要求及内容

（1）概述说明

1）介绍工程使用对象、功能要求、工程规模等。

2）图样目录有图名、图号等，如××层电气平面布线图、剖面图、配电系统图等。

电气原理图用来说明电气系统的组成、连接的方式、工作原理和元件之间的作用，并不涉及电气设备和电器元件的结构或安装情况。图 3-9 为某住宅部分供电系统电气原理图，它表示该住宅照明电源是取自供电系统的低压配电线路。

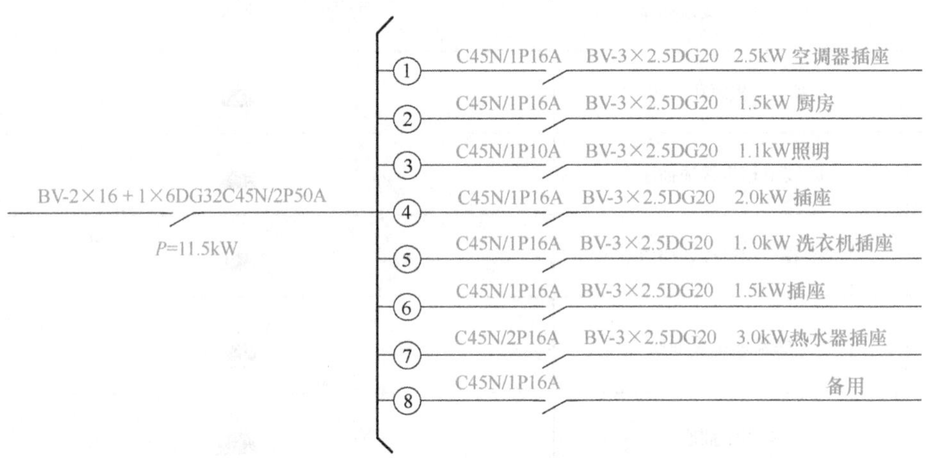

图 3-9 某住宅部分供电系统电气原理图

安装图是电气安装施工的主要图样，是根据电气设备或电器元件的实际结构和安装要求绘制的图样。在绘制时，只考虑元件的安装配线而不必表示该元件的动作原理。图 3-10 所示为某住宅照明系统安装图，它表示各房间电气安装的走线情况。

（2）设计说明

1）电源引入方式，如 380V/220V，三相四线制，计量装置，电源从某具体位置引入，引入标高等。

2）导线的选用、敷设方式及特点说明。

3）线路设备标高以及相关符号解释等。

4）重点部位做法图，如基础接地焊接等。

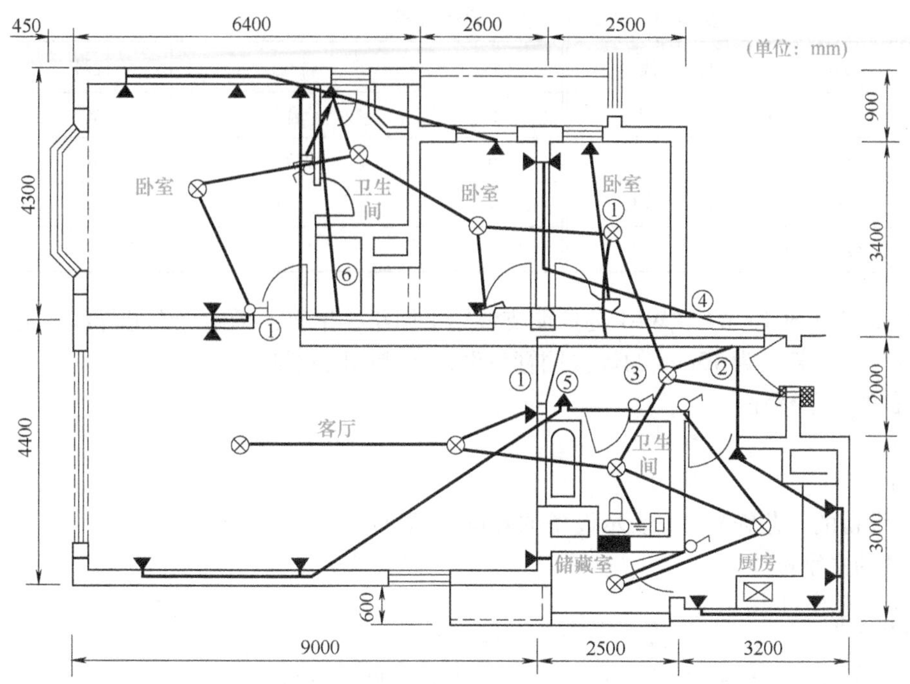

图 3-10 某住宅照明系统安装图

安装接线图

3. 低压配电线路文字符号

电气工程图样为了能清楚地表达线路的性质、规格、数量、功率、敷设方法、敷设部位等内容，常常用大量的文字符号进行标注。掌握好图样中用电设备、配电设备、线路、灯具等的标注形式，是读图的关键。

（1）线路的文字标注

基本格式：a-b-c×d-e-f

其中，a 表示回路编号，b 表示导线或电缆型号，c 表示导线根数或电缆的线芯数，d 表示每根导线标称截面积 mm^2，e 表示线路敷设方式（见表 3-12），f 表示线路敷设部位（见表 3-13）。

表 3-12 线路敷设方式的代号表

序号	方式	代号	序号	方式	代号
1	明敷设	E	8	金属线槽敷设	MR
2	暗敷设	C	9	硬塑料管敷设	PC 或 P
3	铝线卡敷设	AL	10	半硬塑料管敷设	FPC
4	电缆桥架敷设	CT	11	电线管敷设	T
5	瓷夹板敷设	K	12	焊接钢管敷设	SC
6	钢索敷设	M	13	水煤气钢管敷设	RC
7	塑料线槽敷设	PR	14	金属软管敷设	F

表 3-13 线路敷设部位的代号表

序号	部位	代号	序号	部位	代号
1	梁	B	5	墙	W
2	顶棚	C	6	构架	R
3	柱	CL	7	吊顶	SC
4	地板、地面	F			

例如 WL1-BV-3×2. 5-SC15-WC，WL1 为照明支线第 1 回路，聚氯乙烯绝缘铜芯导线 3 根（截面积为 2. 5mm^2），穿管径为 15mm 的焊接钢管敷设，在墙内暗敷设。

（2）用电设备的文字标注

基本格式：$\frac{a}{b}$

其中，a 表示设备的工艺编号，b 表示设备的容量（kW）。

（3）配电设备的文字标注

基本格式：a-b-c 或 $a\frac{b}{c}$

其中，a 表示设备编号，b 表示设备型号，c 表示设备容量（kW）。

（4）灯具的文字标注

基本格式：$a\text{-}b\frac{c\times d\times L}{e}f$

其中，a 表示同一房间内同型号灯具个数，b 表示灯具型号或代号（见表 3-14），c 表示灯具内光源的个数，d 表示每个光源的额定功率（W），L 表示光源的种类（见表 3-15），e 表示安装高度（m），f 表示安装方式（见表 3-16）。

表 3-14 常用灯具的代号表

序号	灯具名称	代号	序号	灯具名称	代号
1	荧光灯	Y	5	普通吊灯	P
2	壁灯	B	6	吸顶灯	D
3	花灯	H	7	工厂灯	G
4	投光灯	T	8	防水防尘灯	F

表 3-15 常用光源的代号表

序号	光源种类	代号	序号	光源种类	代号
1	荧光灯	FL	5	钠灯	Na
2	白炽灯	LN	6	氙灯	Xe
3	碘钨灯	I	7	氖灯	Ne
4	汞灯	Hg	8	弧光灯	Arc

表 3-16 灯具安装方式的代号表

序号	安装方式	代号	序号	安装方式	代号
1	线吊式	CP	7	嵌入式	R
2	链吊式	CH	8	吸顶嵌入式	CR
3	管吊式	P	9	墙壁嵌入式	WR
4	吸顶式	S	10	支架上安装	SP
5	壁装式	W	11	台上安装	T
6	座灯头	HM	12	柱上安装	CL

（二）弱电配电线路基础知识及识图

弱电配电线路包括电话、闭路电视、有线广播、音响舞台灯光、防火系统及计算机综合布线等。

1. 弱电配电线路图样种类及功能

（1）系统结构图　系统结构图为施工和维修提供整体结构，如结构方式、线路组成、主要器材使用等。

（2）平面布线图　平面布线图提供具体施工内容，如线路定向、设备安装位置等。

（3）设计说明

1）引入特点，例如电话从市话网中某处引来，入户规程等。

2）图形符号含义说明。

3）配线箱（盒）型号及安装指导。

4）特殊部位施工指导，如跨越伸缩缝处理等方法、引入线入口做法。

5）线路特点说明。

（4）有关图形符号　图形符号有电话机室内的接线盒、分支接线箱等。

2. 系统图识图

图 3-11 所示为某居民楼电话系统图，系统图识图方法如下：

（1）引入

1）引入位置：由二层穿墙引入。

2）引入线管组成：由 HYV-20 型电话电缆穿外径 32mm 的钢管引入（HYV-20 型为 20 对芯线，TP 为电话接线盒）。

（2）电话机设置分布　一层 3 台、二层 3 台、三层 3 台、四层 1 台。

（3）各层电缆对数分配　一层电缆 10 对芯线（HYV-10），三层、四层共用电缆 10 对芯线（HYV-10）。

（4）线路结构特点

1）线路由楼梯间垂直上升，层间通过分线箱水平分支。

2）每层留有空线对，供调整和发展使用。

3. 平面布线图识图

某工程一层电话线平面布线图，如图 3-12 所示。

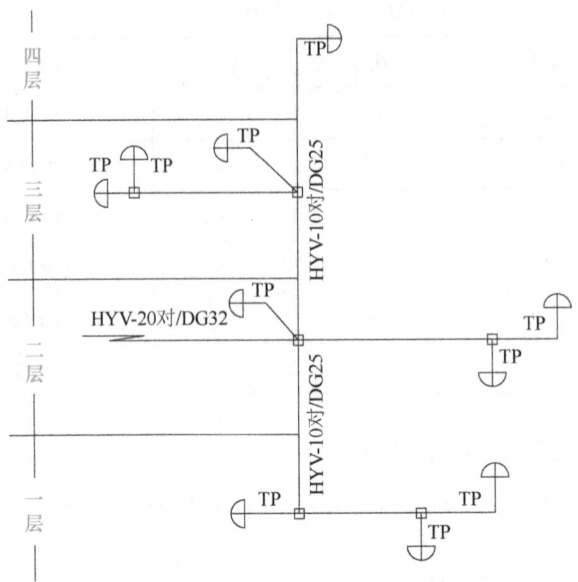

图 3-11　某居民楼电话系统图

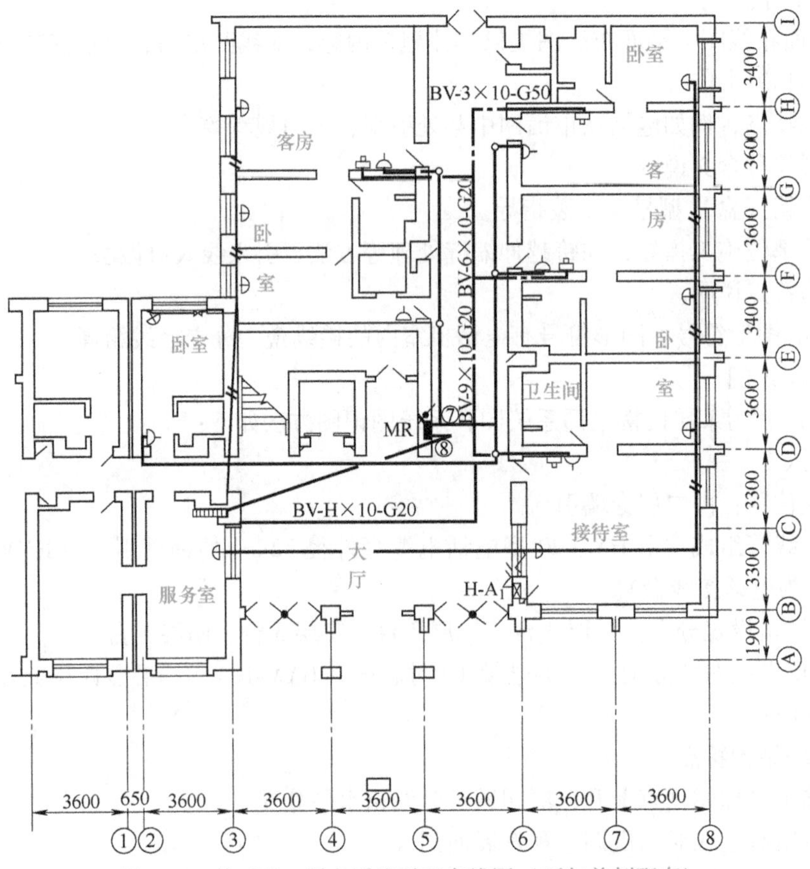

图 3-12　某工程一层电话线平面布线图（不与前例配套）

（1）引入位置

1）于6轴与B轴交汇处，由上层引下。

2）H-A_1 为电话接线箱，MR 为金属线槽敷设。

3）接线箱引出线沿C轴左右分支，左5对、右5对。

（2）左分支线路，共4部电话占4对芯线

1）沿轴，服务室设1台电话接线盒。

2）沿轴，卧室设2台电话接线盒。

3）沿轴，客房设1台电话接线盒。

（3）右分支线路，共4部电话

1）沿轴，接待室设1台电话接线盒。

2）沿轴，卧室设2台电话接线盒。

3）沿轴，与H轴交汇处设1台电话接线盒。

其他弱电线路与此图类似，但要注意区别各种线路和设备符号的微小区别。

六、电气安装明线布线工艺

板前明线布线工艺要点：

1）分类集中，单层密排，紧贴安装板。

2）布线要横平竖直、分布均匀，改变走向时应垂直改变。

3）尽量避免交叉。

4）不损伤线芯和导线绝缘，不压绝缘层、不反圈及不露铜过长。

5）外围设备与配电板上元件连接时，必须通过接线端子对接，并编号。

技能训练

实训3-1　白炽灯照明电路明线安装与调试

一、实训目的

1）熟悉各种常用照明元件的使用原理。

2）掌握白炽灯安装步骤。

3）掌握白炽灯安装明线布线工艺要求。

二、实训器材及材料

万用表、线卡、塑料盒、断路器、单联单控开关、铜导线、灯泡、灯座、塑料圆台、电工工具一套等。

三、实训内容和步骤

1. 白炽灯照明电路原理图与电气平面图

白炽灯照明电路原理图如图3-13所示，白炽灯照明电气平面图如图3-14所示。

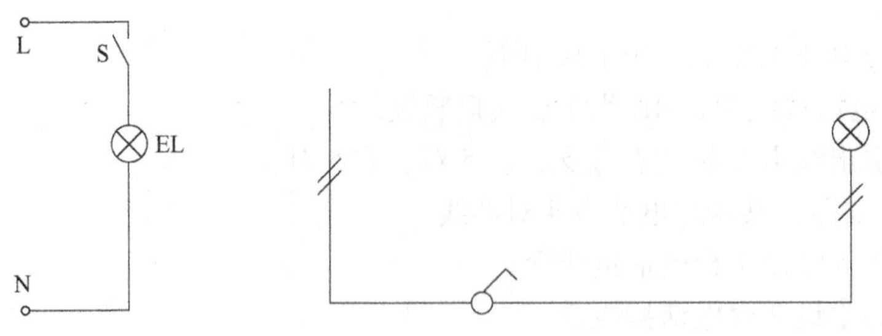

图 3-13 白炽灯照明电路原理图 图 3-14 白炽灯照明电气平面图

2. 主要电器组件介绍

（1）白炽灯 白炽灯的灯头有插口式和螺口式两种形式，如图 3-15 所示。螺口式灯头具有易接触和散热性好的特点，功率超过 300W 的灯泡一般采用螺口式灯头。

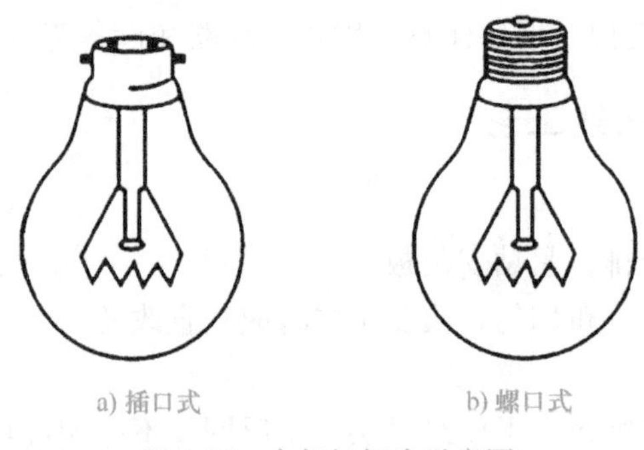

图 3-15 白炽灯灯头示意图

（2）常用灯座 常用灯座有插口式吊灯座、插口式平灯座、螺口式吊灯座和螺口式平灯座等，外形结构如图 3-16 所示。图 3-13 所示电路采用螺口式平灯座。

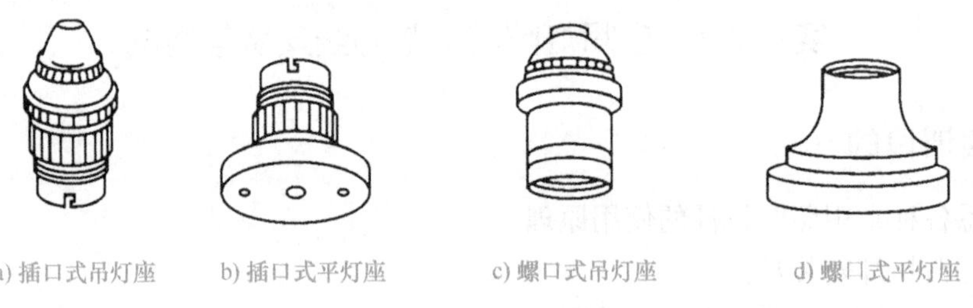

图 3-16 常用灯座外形结构示意图

（3）常用开关 开关的品种很多，常用的开关有侧装拉线开关、顶装拉线开关、防雨拉线开关、平开关、暗装开关等，这几种开关外形如图 3-17 所示。

图 3-13 所示电路用的是单联单控开关，它属于 86 系列的墙壁开关，需要配套 86 系列明盒才能安装。

单联单控开关只有两个接线端。图 3-18 所示为开关背面接线端子图，L1、L 一端与相线相连，另一端与白炽灯相连。

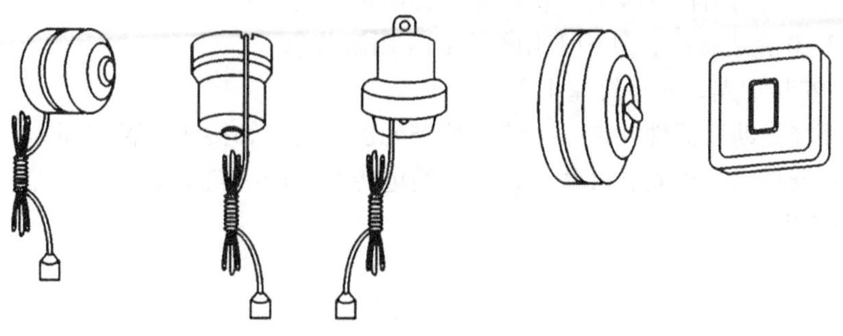

图 3-17　常用开关

3. 白炽灯照明电路网孔板安装位置图（见图 3-19）

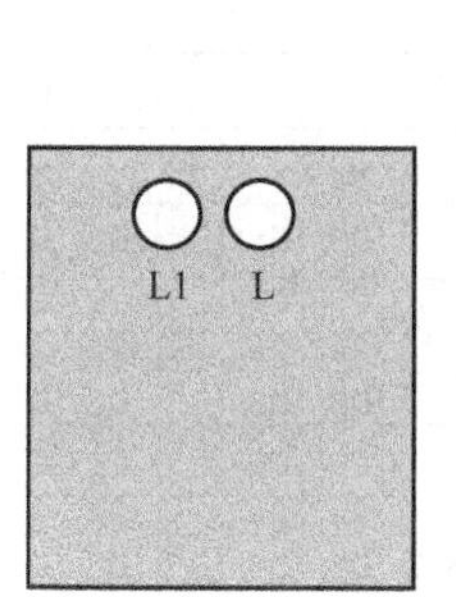

图 3-18　开关背面接线端子图

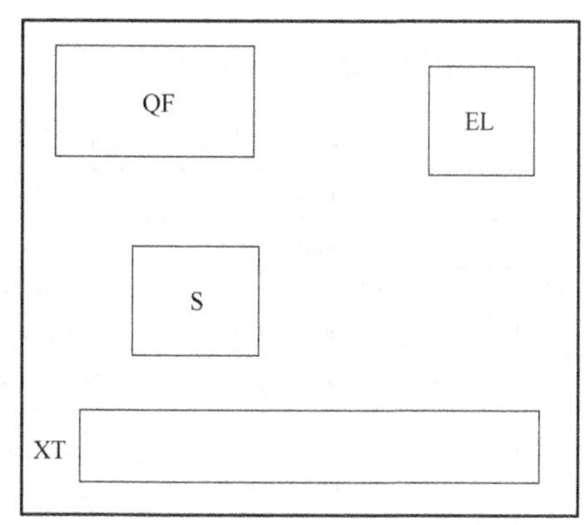

图 3-19　白炽灯网孔板安装位置图

4. 白炽灯照明电路接线图

白炽灯照明电路接线图如图 3-20 所示。图 3-19 中 QF 进线端接端子排 XT，出线端分别接 L 和 N（后面实训中接法相同，不再赘述）。

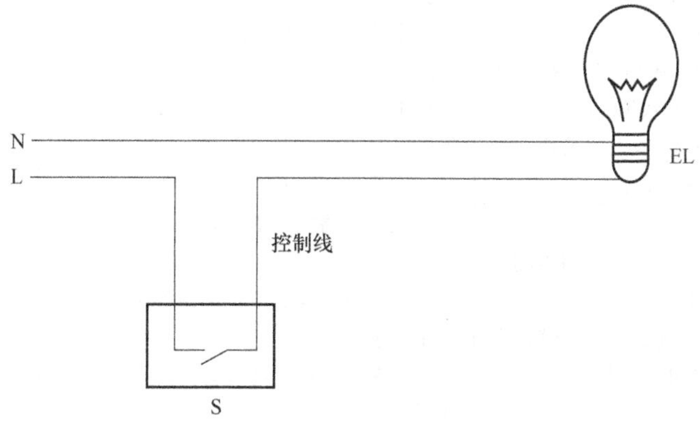

图 3-20　白炽灯照明电路接线图

5. 白炽灯照明电路接线步骤及调试

1）按图 3-19，在网孔板上安装 QF、XT、S、螺口式平灯座、明盒。

2）从 S 端子引出两根导线后，将其安装并固定在明盒上。

3）按图 3-20 完成接线，其中 L 用红色，N 用淡蓝色。

4）将 EL 安装在螺口式平灯座上。

5）用手轻轻晃动元器件并拽一下线，检查元器件安装和接线是否牢固。

6）确保元器件安装牢固、接线无误后，给电源控制屏卧箱上电，合上 QF，闭合 S，灯亮，断开 S，灯灭。

注意：

S 应串接在相线上。

四、技能评价

白炽灯照明电路明线安装与调试训练评价见表 3-17。

表 3-17 白炽灯照明电路明线安装与调试训练评价表

培训专业		姓名		指导教师		总分	
考核时间		实际时间	自　时　分起至　时　分止				

任务	配分	考核内容	评分标准	学生自评	小组互评	教师评价	得分
元器件选择并检测	15 分	1. 按照原理图选择器件 2. 用万用表检测器件	1. 器件选择不正确，扣 5 分 2. 不会筛选元器件，扣 5 分				
安装元器件	15 分	1. 读懂原理图 2. 按照位置图正确安装电路 3. 安装位置应整齐、匀称、牢固、间距合理，便于元器件的更换	1. 读图不正确，扣 10 分 2. 电路安装不正确，扣 5 分 3. 安装位置不整齐、不匀称、不牢固或间距不合理等，每处扣 3 分				
布线	30 分	1. 布线时应横平竖直，分布均匀，尽量不交叉，变换走向时应垂直 2. 剥线时严禁损伤线芯和导线绝缘层 3. 接线点或接线柱严格按要求接线	1. 不按原理图接线，扣 10 分 2. 布线不符合要求，每根扣 5 分 3. 接线点（柱）不符合要求，扣 5 分 4. 损伤导线线芯或绝缘层，每根扣 3 分 5. 漏线，每根扣 2 分				
线路调试	30 分	1. 会使用万用表测试电路 2. 完成电路调试使白炽灯正常工作	1. 测试电路方法不正确，扣 10 分 2. 调试电路参数不正确，每步扣 3 分 3. 开关闭合后，灯不亮，扣 10 分				
安全文明生产	10 分	1. 工具摆放、工作台清洁、余废料处理 2. 严格遵守操作规程	1. 工具摆放不整齐，扣 3 分 2. 工作台清理不净，扣 3 分 3. 违章操作，视情节扣分				
教师签名：							

任务小结

通过本任务的学习，学会各种电线和电缆型号、用途以及电线安全电流，熟悉低压线路控制电器、电灯、灯控开关的种类，了解电气工程识图基本方法及电气安装明线布线工艺，熟悉白炽灯照明电路的工作原理，掌握白炽灯照明电路明线安装与调试的方法。

任务2 白炽灯电路的暗敷安装与调试

知识目标

1. 说出各种管槽材料的种类、用途及使用方法。
2. 说出接线箱盒的种类。
3. 阐述管路配置工艺要求及焊接方法。
4. 说出室内低压线路施工方法及步骤。

技能目标

1. 能设计电路布线图。
2. 能读懂白炽灯电路暗敷安装位置图，合理安装元器件。
3. 能完成白炽灯电路暗敷安装布线。
4. 能对白炽灯暗敷线路进行调试。

素质目标

1. 在元器件检测时，养成认真细致的习惯，确保数据准确可靠。
2. 在电路安装时，严格规范操作，树立质量监控责任。
3. 在电路布线时，节约用线，养成节约资源意识。
4. 在小组合作安装布线中培养团队合作精神。
5. 在电路调试中，养成安全意识。

知识链接

一、管槽材料

管材分塑料管和钢管两大类，近年又有玻璃钢管产品出现，但目前应用尚不普遍。

1. 塑料管

（1）塑料管种类

1）聚氯乙烯硬质塑料管，管材代号为VG。

2）聚氯乙烯软质塑料管，管材代号为GV。

3）可挠性聚氯乙烯塑料管，管材代号为 KRG。

4）难燃半硬质聚氯乙烯塑料管，管材代号为 RYG。

（2）塑料管规格　塑料管管径为 15mm、20mm、25mm、32mm、40mm、50mm 六种。其中，VG 以内径为准，其余均以外径为准，每根管长 6m。

（3）塑料管性能及应用范围　塑料管成本低、重量轻，具有防潮和耐腐蚀能力，广泛应用于室内低压线路明、暗敷设，但不宜用于有压力或无保护场合，也不宜于高电压或大电流动力线附近使用。

2. 钢管

（1）钢管种类

1）薄壁钢管，管材代号为 DG。

2）厚壁钢管，管材代号为 G。

3）水煤气管，管材代号为 GG。

（2）钢管规格　管径尺寸同塑料管，但 DG 以外径为准，其余均以内径为准。

（3）钢管性能及应用范围　钢管具有防潮、防电磁干扰的屏蔽能力和很高的机械强度，广泛用于低压线路明、暗敷设。如果钢管敷设在压力较大的地面、自然地面及素混凝土中，要使用强度较大的 GG；兼作地线用时，必须使用 G 管。

3. 线槽

线槽的功能与线管相同。线槽容纳导线较多，布线也较方便，实用于多条线及较粗电线、电缆布线，主要用于工厂、车间、机房明敷设，民居建设已多为线管取代。

线槽的种类分为塑料和钢质两种，有多系列可供选用。

1）塑料线槽典型系列为 VXC 等系列。它包括槽身、槽盖、转角、三通以及配套接线盒、灯头盒等。

2）钢质线槽系列产品极多，往往一个厂家自定义一个系列。典型系列产品为 GXC 系列，其安装配件如图 3-21 所示。

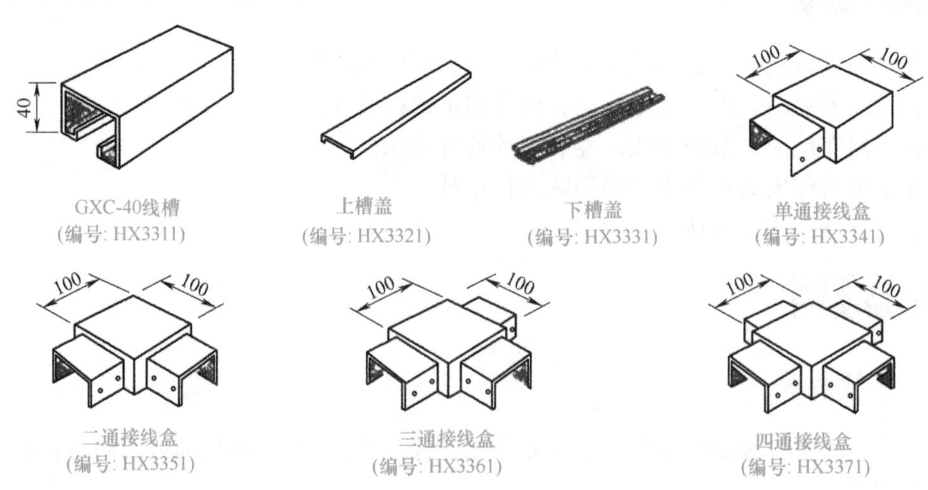

图 3-21　钢质线槽 GXC-40 系列安装配件

4. 接续管件

接续管件用于连接、延长管路或管路转向用，主要有各规格直接、弯头、护头、接线、

分线箱（盒）等，使用时必须选用同质、同材。

5. 线管的固定器件

管路暗敷设时，一般用细铁丝绑扎在固定体如钢筋、骨架等上面，灌埋于混凝土中。而明管路须用配套夹具按标准做法固定。

二、接线箱（盒）

1. 配电箱

配电箱是低压线路配电必备的设备，是容纳控制设备、保护设备、计量设备的箱体，是检修线路的重要部位。

配电箱大部分以铁板制作，居室内多采用小型、具有透明盖板的塑料箱体。

配电箱从结构上有卧式、半卧式、悬挂式、落地式、横式、竖式之分。配电箱通常容纳电度表、电流互感器、刀开关、断路器等。开关箱主要容纳大型隔离开关、断路器等。除此之外还有种类繁多的不同专业控制箱、接线箱、开关箱，如消防用电控制箱、电话接线箱、闭路电视入户箱等。

常用配电箱以 XXM（悬挂式）、XRM（嵌入式）为典型系列产品。XXM、XRM 配电箱分横式、竖式多达数十种规格尺寸。箱内置配电盘，盘面设备布局有多种模式供用户选用，用户也可自行安排盘面布局。

2. 接线盒

室内低压线路各段的连接、电路分支、电线与电器的连接均须在接线盒中进行（电线中途绝对不允许在管内接线），这有利于有序展开施工和日后检修。

接线盒种类

1）铁制接线盒　由 0.5~2mm 薄钢板冲压制成，并镀锌，它与铁管配套应用。

常见系列产品有 T 系列、86 系列等。T 系列中，T1~T4 为小型六角式灯头盒，T11~T13 为中小型中途接待盒，T21~T33 为尺寸较大的接线箱（盒），最小尺寸为 100mm×100mm×50mm，最大尺寸为 450mm×600mm×200mm，接线箱（盒）各侧面均留有穿敲孔，使用时根据需要开孔与管连接。86 系列主要用于开关、插座接线。中途接线盒主要用于线路中间各段接续，或穿越缓冲伸缩、沉降缝接线用。

2）塑料接线盒如图 3-22 所示，主要由聚氯乙烯制成，或由难燃聚氯乙烯塑料制成。由于成本较低，与塑料管路配套大量应用。

图 3-22　塑料接线盒

常见系列有 S、86、96、801 等系列，以 86 系列应用较为普遍，尺寸规格形状与铁盒相同。

注意不要使用劣质塑料盒，劣质塑料盒多为再生塑料压制，表面粗糙、强度很低、极易老化，使用这种接线盒有很大安全隐患。

3）线槽接线盒严格与线槽配套，为槽系列的一部分配件，只在工厂、车间中有一些应用。金属线槽 GXC 系列、塑料线槽 VXC 系列中均有相应槽线盒配套。

三、管路配置工艺要求及焊接

1. 切管

（1）塑料管切管　切管时，用手锯在管的垂直方向锯断，也可以用手压力切管刀压切，但对小口径管会造成其变形，需用圆锥模复原。

（2）波纹管切管　波纹管凹纹处较薄，用电工刀沿沟切断。

（3）铁管切管　铁管切割一般用钢锯手工切割。数量较大时，用切割锯或电动切管锯床进行切割。切口仔细用锉刀除去刀状飞边，确保不刮伤电线和割破手指。

2. 管的弯曲

（1）塑料管弯曲　塑料管弹性、塑性较好，如果弯曲变化较小、较缓，可用手随时掰动弯曲。管子弯曲半径一般不宜小于管径的5~7倍，弯曲角度应大于90°。塑料管弯曲使用弯管弹簧弓，将与管径相宜的弹簧弓伸入管内，手工弯曲，这种方法只局限在管端1m内进行。

（2）钢管弯曲

1）冷弯法。管径在60mm以下的钢管可用手工弯曲，管中灌沙封闭，用管扳手在地面缓慢扳弯变形，也可用弯管机床弯制。弯曲处不应有褶皱，凹穴、裂缝、弯扁程度不应大于管径的10%。

2）热弯法。较粗管径须灌沙加热，增强钢管塑性后，手工弯制。通常采用焦炉、风机加热至管微红后，手工掰弯，或用其他加力装置加力弯制。弯管的经验和技巧较多，需实践掌握。

钢管弯制过程严禁用气焊加热“拿褶”弯管，也不能用冲压弯头按水暖管道工艺焊接。

（3）套丝　钢管和接线盒连接时，需要套丝，安装护头螺母。套丝通常使用“带丝”进行，工艺及工具同水暖工。规模施工常使用的电动套丝机床如图3-23所示，其特点是效率高、质量好。

（4）焊接

1）气焊也叫乙炔焊。其工作原理是按一定比例和压力将乙炔气和氧气混合燃烧，产生高温火焰（3000℃左右），用以焊接或切割金属。配套设备有氧气瓶、乙炔瓶、减压阀、压力表、高压软管（俗称氧气带、乙炔带）、焊枪、割枪以及防护面罩等。

2）电焊设备包括焊机、工作电缆、焊钳、防护面罩、焊条等。使用时要根据工件大小调节输出电流大小。水电焊是一门专业技术，主要靠实践积累经验。

3）锡焊主要包括电烙铁焊接和锡锅浸焊。

图3-23　电动套丝机床

四、室内低压线路施工方法及步骤

1. 布管

（1）线路定向定位　低压线路配线图并不给出线路走向和线路设施的精确施工位置，而是按各种规定实施，或由图样文字符号加以提示，选最短线路定向。

1）敷设部位文字符号：CEC（沿棚暗设）、FC（DA）（地暗设）、WC（墙暗设）、CLC（EA）（柱暗设）、AC（吊棚暗设）、WE（墙明设）、CEE（棚明设）、LA（暗设于梁内）。

2）敷设方式文字符号：DG（穿钢管敷设）、VG（穿塑管敷设）、VCX（穿塑槽敷设）、CP（瓷瓶敷设）、VT（塑夹敷设）、SR（线槽敷设）。

3）线路性质文字符号见表3-18。

表3-18　线路性质文字符号

线路性质	文字符号	线路性质	文字符号
配电干线	PG	配电分干线	PFG
电力干线	LG	电力分干线	LFG
照明干线	MG	照明分干线	MFG
控制线	KZ	控制分干线	KFZ

（2）低压线路与其他管线距离的规定

1）低压线路与弱电线路最小距离为0.8m。

2）低压线路与其他10kV以下线路平行时应大于1m，交叉时大于0.5m。

3）与热力管道、自来水管、下水管平行时应大于0.5~1m。

（3）低压线路至建筑物和地面的最小距离见表3-19。

表3-19　低压线路至建筑物和地面的最小距离

敷设方式		最小距离/mm
水平敷设垂直间距	在阳台、平台	2500
	在窗上	200
	在窗下	800
屋内敷设到地面		2500
屋外敷设到地面		2700
垂直敷设的水平间距至阳台、窗		600
屋内敷设导线至墙和构架间距（挑檐下除外）		35

2. 箱盒的位置选择规定

（1）配电箱

1）固定在墙上，箱体底面距地面1.5m。

2）落地式配电箱底座砌高0.3m（砌砖）。

（2）电源插座与地面距离

1）一般情况为1.3m。

2）住宅、幼儿园、学校为1.8m（带保护门式）。

3）住宅安全三孔插座距地面0.3m（带保护门式）。

4）距门框1.4m。

5）电话出线盒距地面0.3m。

6）吊扇扇叶与地面距离大于或等于 2.5m。

7）闭路终端盒距地面为 0.3m、1.3m、1.8m。

3. 线管布线工艺

线管布线有明敷和暗敷两种，明敷要求线管横平竖直、整齐美观，暗敷要求线管短、弯头少。

（1）选择线管规格　常用的线管种类有电线管、水煤气管和硬塑料管三种。电线管的管壁较薄，适用于环境较好的场所；水煤气管的管壁较厚，机械强度较高，适用于有腐蚀性气体的场所；硬塑料管耐腐蚀性较好，但机械强度较低，适用于腐蚀性较强的场所，如图 3-24 所示。

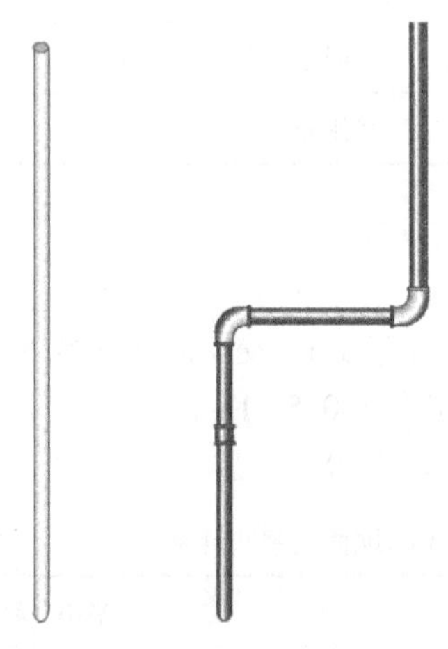

图 3-24　硬塑料管

线管布线工艺

（2）装设拉线盒　为了便于穿线，当线管较长时，须装设拉线盒，在无弯头或有一个弯头时，管长不超过 50m；当有两个弯头时，管长不超过 40m；当有三个弯头时，管长不超过 20m，否则应选直径大一级的线管。

（3）线管弯曲角度　根据线路敷设的需要，在线管改变方向时，需将管子弯曲。为便于穿线，应尽量减少弯头。需弯管处，其弯曲角度一般在 90°以上，明装管弯曲半径应大于管子直径的 6 倍，暗装管应大于管子直径的 10 倍，如图 3-25 所示。

（4）弯管器弯管方法　对于直径在 50mm 以下的电线管和水煤气管，可用手工弯管器弯管，方法如图 3-26 所示。对于直径在 50mm 以上的管子，可使用电动或液压弯管机弯管。塑料管的弯曲，可采用热弯法，直径在 50mm 以上时，应在管内添沙子进行热弯，以避免弯曲后管径粗细不匀或弯扁。

（5）管道敷设

1）塑料管。

① 管与管连接用胶粘合。

② 管与盒连接用螺母锁紧，方法如图 3-27 所示。

2）钢管。

① 管与管连接采用全套丝扣对接法，如图 3-28 所示。

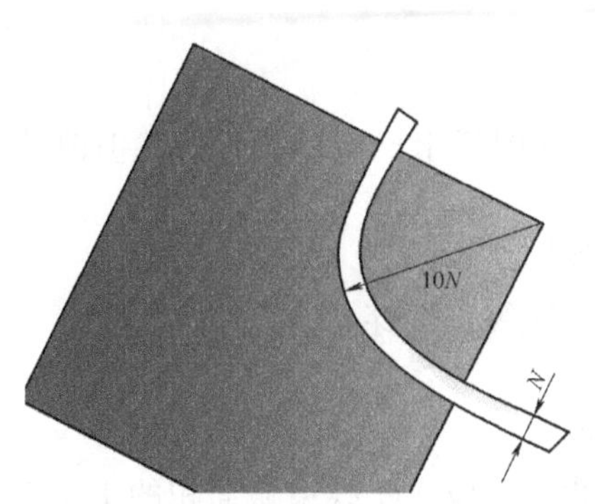

图 3-25　暗装管弯曲角度

图 3-26　弯管器弯管方法

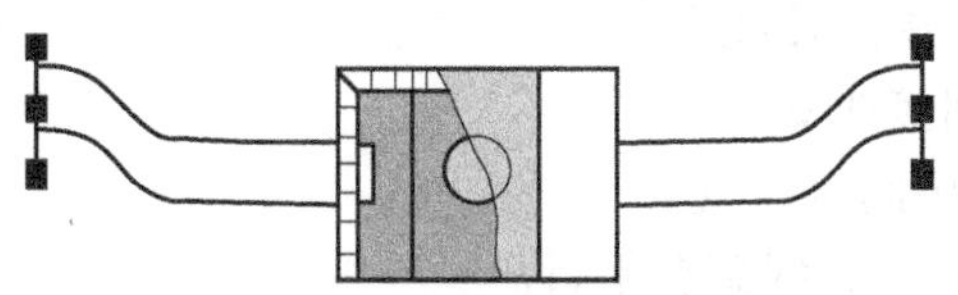

图 3-27　塑料管、盒安装方法

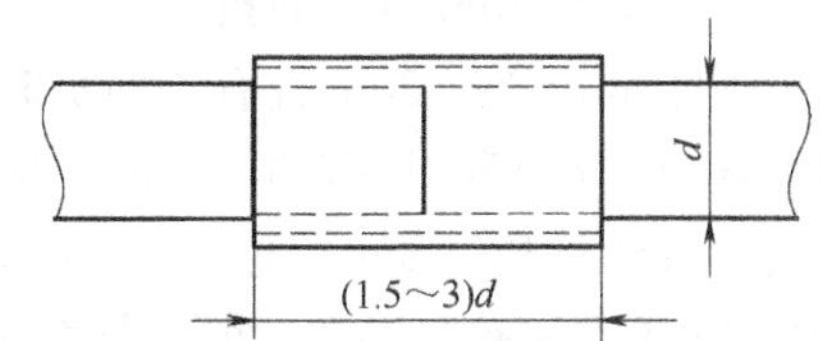

图 3-28　全套丝扣对接法

② 跨接地线尺寸见表 3-20。

表 3-20　跨接地线尺寸

钢管直径/mm	跨接地线尺寸	
	圆钢直径/mm	扁钢（宽度/mm)×(厚度/mm)
≤25	6	—
30	8	—
40～50	10	—
70～80	—	25×4

③ 管与盒连接。用铁管接头锁紧后焊跨接地线，如图 3-29、图 3-30 所示。

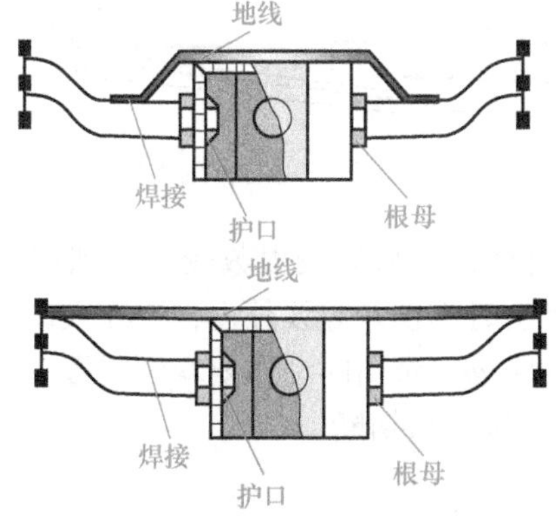

图 3-29　铁管与塑料盒安装方法

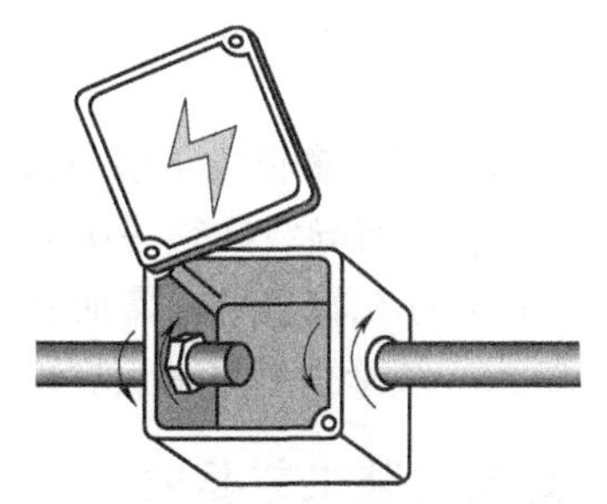

图 3-30　铁管与铁盒安装方法

3）管路沉降缝的补偿措施。管路沉降缝的补偿措施包括互错法、缓冲法，如图 3-31 所示。

4. 穿线

（1）电线穿管规定　在施工中，电线穿管根数在图样上已有明确设计，但改造工程需要按以下规定进行。

1）同管中电线根数不宜超过 8 根（信号线除外）。

2）交流供电线不能与其他线（如电话线、网络线等）混穿。

3）互为备用线路不可同管。

4）同一用电设备或工作中相互关联线路可共管。

5）选管内径应由总线束截面积而定。管内径截面积应大于线束截面积的 1.5 倍。管径利用率为 25%~40%。

6）管线全长 30m 且无曲折时，应设中间接线盒。

7）管线全长超过 20m 且有一曲折时，应设中间接线盒。

8）管线全长 15m 且有两曲折时，应设中间接线盒。

9）管线全长超过 8m 且有三曲折时，应设中间接线盒。

10）管线不可有 S 形弯，管内导线不可有接头，线束要平行。

（2）清扫管道　将压缩空气吹入敷设管路，如果发现管道不能顺畅通风，可判定管路严重堵塞，必要时凿开水泥板进行修复。

（3）穿钢丝线　牵引电线束用直径为 1~2mm、弹性良好的钢丝，按段穿入。钢丝引线头样式如图 3-32 所示。

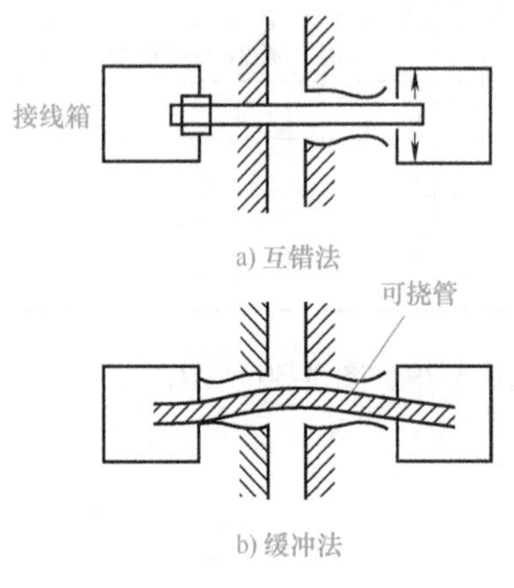

图 3-31　管路沉降缝补偿措施

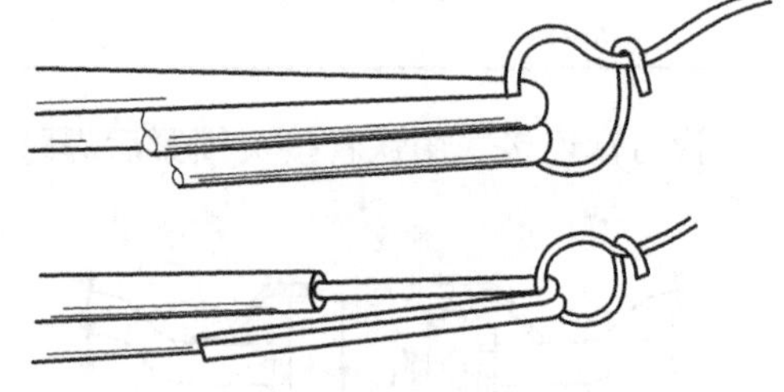

图 3-32　钢丝引线头样式

（4）导线牵引　多根线牵引时按电线接头法自绕，如果导线根数较多须削皮分层自绕做牵引头，每管所有导线必须一次牵引，为保证牵引时不伤及导线外皮，应在入口处加塑料管头保护。铁管穿线较多时还需加适当滑石粉减少摩擦，牵引时动作要均匀缓慢。

（5）留头　线牵引到终端后，一般需要留 15~20cm 后切断。

五、灯具安装工艺要求

1）牢固。对于重量较大的吊灯，不能依靠接线盒承重，须用电锤打孔并用膨胀螺栓固

定木台等接续件后吊装。

2）灯线需按结扣做法安装。

3）线头和端子连接应按顺时针做勾圈，图 3-33 所示为灯具安装图。

4）灯头盒软线保险扣做法如图 3-34 所示。

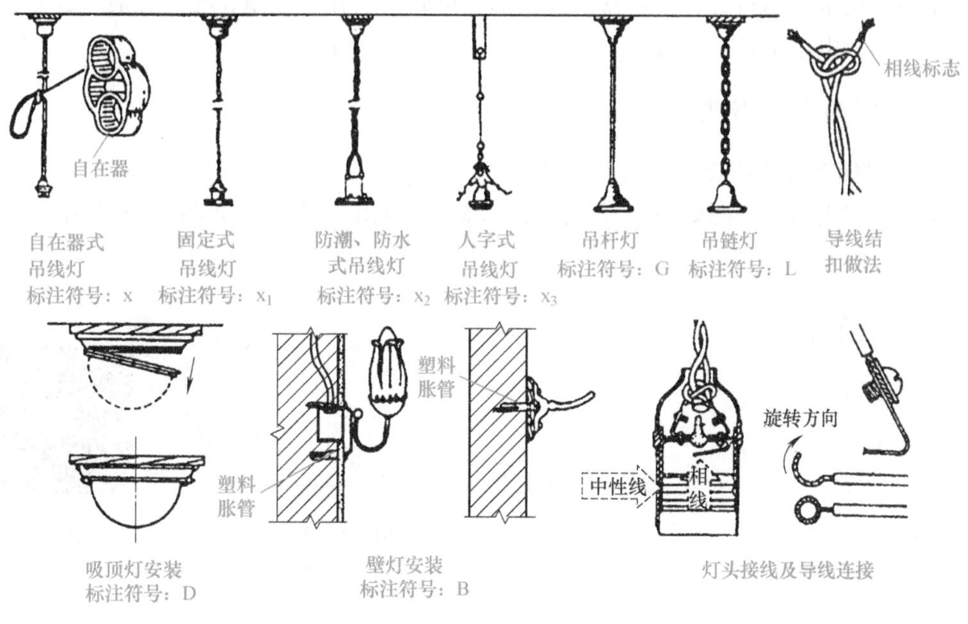

图 3-33　灯具安装图

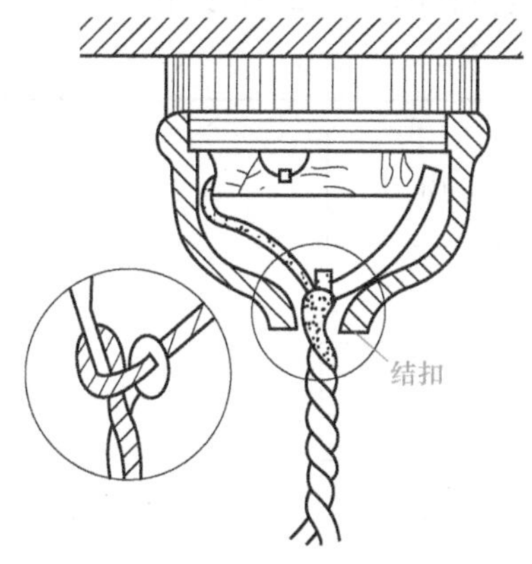

图 3-34　灯头盒软线保险扣做法

技能训练

实训 3-2　白炽灯照明电路暗敷安装与调试

一、实训目的

1）熟悉各种常用照明元件的使用原理。

2）掌握白炽灯安装步骤。

3）掌握白炽灯照明电路暗敷布线工艺要求。

二、实训器材及材料

万用表、线卡、塑料管、塑料盒、断路器、单联单控开关、铜导线、灯泡、灯座、塑料圆台、弯管器、电工工具一套等。

三、实训内容和步骤

1. 白炽灯照明电路原理图与电气平面图

白炽灯照明电路原理图如图 3-35 所示，白炽灯照明电气平面图如图 3-36 所示。

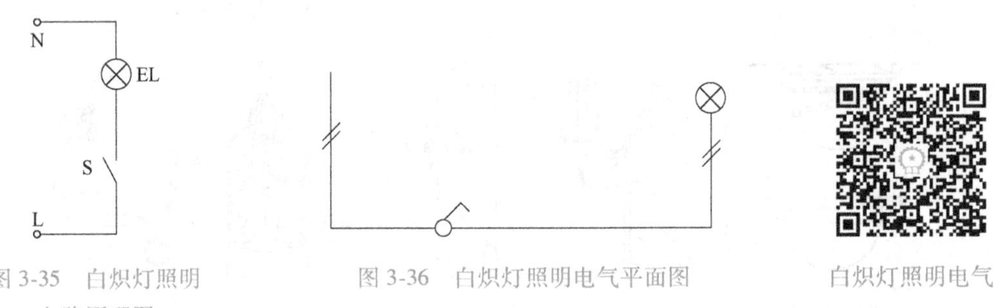

图 3-35　白炽灯照明电路原理图

图 3-36　白炽灯照明电气平面图

白炽灯照明电气

2. 白炽灯照明电路网孔板安装位置图

白炽灯照明电路网孔板安装位置图如图 3-37 所示。

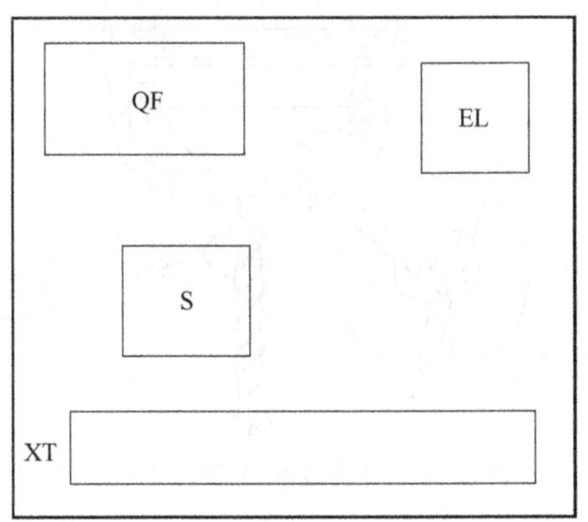

图 3-37　白炽灯照明电路网孔板安装位置图

3. 白炽灯照明电路接线图

白炽灯照明电路接线图如图 3-38 所示。

4. 白炽灯照明电路接线步骤及调试

接线步骤及调试参考“白炽灯照明电路明线安装与调试”所述。

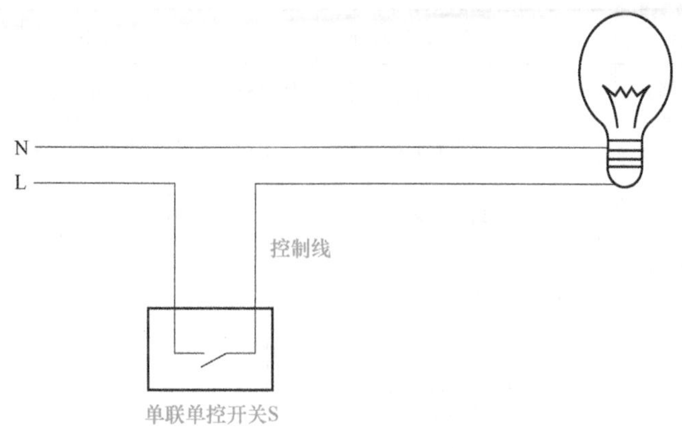

图 3-38　白炽灯照明电路接线图

白炽灯接线

5. 白炽灯实际照明电路安装方法和步骤

1）处理连接线，在棚顶根据敷设的电线位置确定布线的走向，来安装灯具的固定塑料圆台，并将两根电源线从塑料圆台的中间两个小孔中穿出。

2）安装吊线盒及白炽灯，如图 3-39 所示。先将塑料圆台上的电线从吊线盒底座孔中穿出，用木螺钉将吊线盒紧固在圆台上。将穿出的电线剥头，此时旋开灯头盖，将电源线下端穿入灯头盖孔中，在离线头 4mm 处打一个结，再把两个线头分别接在螺口式灯座内的接线柱上。

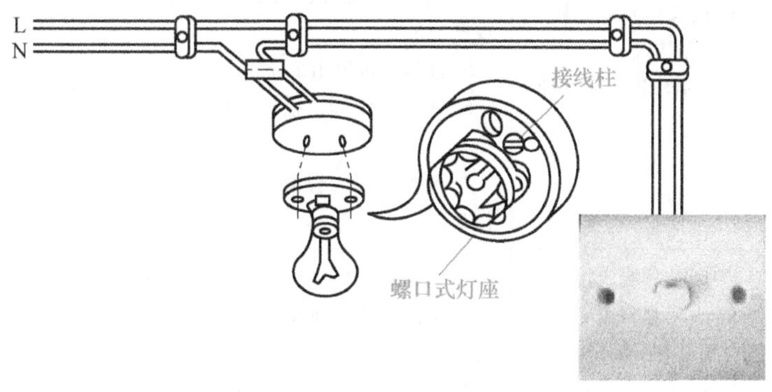

图 3-39　安装吊线盒及白炽灯

3）安装开关，如图 3-39 所示。控制白炽灯的开关应串接在相线上，一般拉线开关的安装高度为离地面 2. 5m，安装扳动开关（明装或暗装）离地面高度为 1. 4m，而且开关安装时一般向上为合，向下为断。

4）通电实验。闭合开关，接通电源，白炽灯亮，表示电路连接成功。

四、技能评价

白炽灯照明电路暗敷安装与调试训练评价见表 3-21。

表 3-21　白炽灯照明电路暗敷安装与调试训练评价表

培训专业		姓名		指导教师		总分	
考核时间		实际时间	自　时　分起至　时　分止				

任务	配分	考核内容	评分标准	学生自评	小组互评	教师评价	得分
元器件选择并检测	10分	1. 按照原理图选择元器件 2. 用万用表检测元器件	1. 元器件选择不正确，扣5分 2. 不会筛选元器件，扣5分				
安装元器件	10分	1. 读懂原理图 2. 按照位置图正确安装电路 3. 安装位置应整齐、匀称、牢固、间距合理，便于元器件的更换	1. 读图不正确，扣10分 2. 电路安装不正确，扣5分 3. 安装位置不整齐、不匀称、不牢固或间距不合理等，每处扣3分				
线管布线	20分	1. 布管时应横平竖直，分布均匀，弯头少 2. 剥线时严禁损伤线芯和导线绝缘层 3. 接线点或接线柱严格按要求接线 4. 线管牢固、不松动	1. 不按图样的位置布线，每处扣1分 2. 线管安装位置与图样尺寸相差±5mm及以上，每处扣1分 3. 接线点（柱）不符合要求，扣5分 4. 损伤导线线芯或绝缘层，每根扣3分 5. 漏线，每根扣2分 6. 线路不牢固、松动，每处扣1分 7. 线管未压入管卡中，每处扣0.5分				
线管固定	10分	1. 直线两端、转弯处两端、入盒（箱、槽）前端需装管卡固定 2. 转弯处两端管卡对称，或管卡位置与规定相符 3. 线管直接进盒、箱、槽前的固定卡管位置与规定相符 4. 线管做鸭脖弯进盒（箱），固定管卡位置与规定相符 5. 直线段固定管卡间距合理、一致	1. 直线两端、转弯处两端、入盒（箱、槽）前端不装管卡固定，每处扣2分 2. 转弯处两端管卡不对称，或管卡位置与规定不符者，每处扣1分 3. 线管直接进盒、箱、槽前的固定卡管位置与规定不符，每处扣1分 4. 线管做鸭脖弯进盒（箱），固定管卡位置与规定不符，每处扣1分 5. 直线段固定管卡间距不合理、不一致，每处扣1分				

（续）

任务	配分	考核内容	评分标准	学生自评	小组互评	教师评价	得分
线管敷设工艺	20分	1. 直角转弯的偏差角度小于5° 2. 线管的弯曲处有褶皱、凹穴或裂缝、裂纹，管的弯曲处弯扁的长度小于规定 3. 线管入槽时用连接件或连接件不允许松动	1. 直角转弯的偏差角度大于5°，每处扣2分 2. 线管的弯曲处有褶皱、凹穴或裂缝、裂纹，管的弯曲处弯扁的长度大于规定，每处扣2分 3. 线管入槽时未用连接件或连接件松动，每处扣2分				
线路调试	20分	1. 会使用万用表测试电路 2. 完成线路调试，使白炽灯正常工作	1. 通电后白炽灯不亮，扣5分 2. 通电后开关不起作用，或不符合图样控制要求，扣2分 3. 通电后输出电压不正常，每处扣3分 4. 通电后箱内电路若发生跳闸、漏电等现象，可视事故的轻重，每处扣5分				
安全文明生产	10分	1. 工具摆放、工作台清洁、余废料处理 2. 严格遵守操作规程	1. 工具摆放不整齐，扣3分 2. 工作台清理不净，扣3分 3. 违章操作，视情节扣分				
教师签名：							

实训3-3　白炽灯和两孔插座电路暗敷安装与调试

一、实训目的

1）熟悉各种常用照明元件的使用原理。

2）掌握白炽灯和两孔插座安装步骤。

3）掌握白炽灯和两孔插座电路安装暗敷布线工艺要求。

二、实训器材及材料

万用表、线卡、塑料管、塑料盒、断路器、熔断器、单联开关、铜导线、灯泡、灯座、塑料圆台、两孔插座、弯管器、电工工具一套等。

三、实训内容和步骤

1. 白炽灯和两孔插座电路原理图与电气平面图

白炽灯和两孔插座电路原理图如图3-40所示，白炽灯和两孔插座电路电气平面图如

图 3-41 所示。

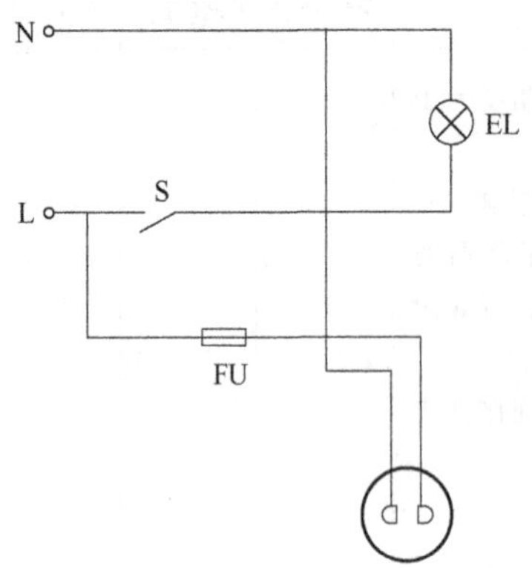

图 3-40　白炽灯和两孔插座电路原理图

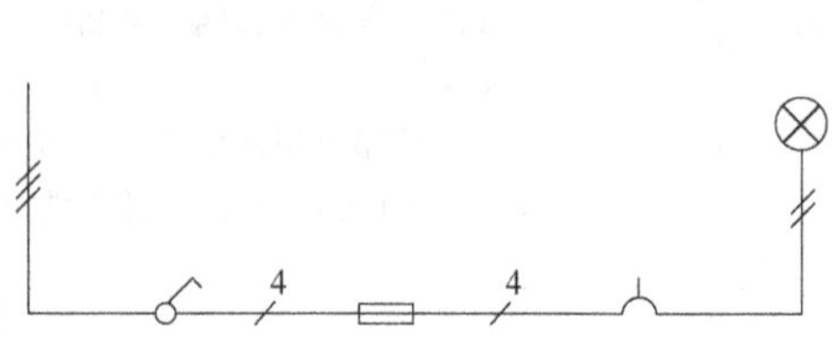

图 3-41　白炽灯和两孔插座电路电气平面图

2. 白炽灯和两孔插座电路网孔板安装位置图

白炽灯和两孔插座电路网孔安装位置图如图 3-42 所示。

3. 白炽灯和两孔插座电路接线图

白炽灯和两孔插座电路接线图如图 3-43 所示。

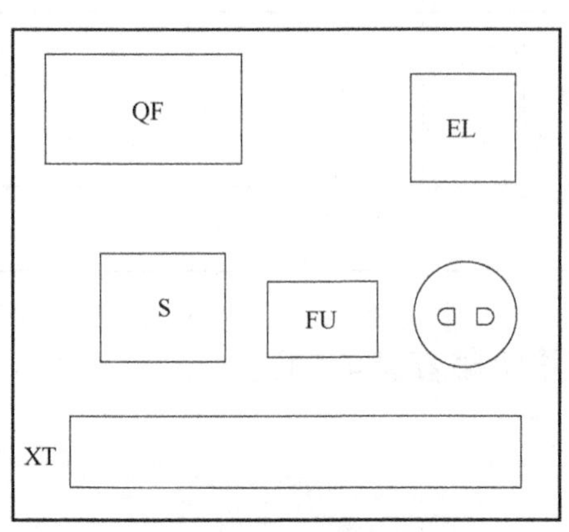

图 3-42　白炽灯和两孔插座电路网孔板安装位置图

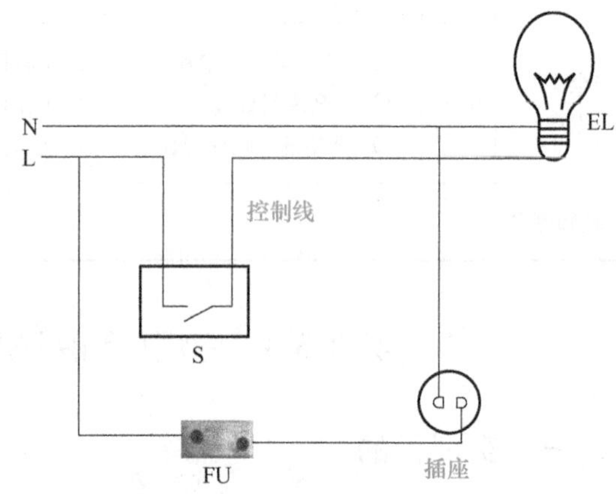

图 3-43　白炽灯和两孔插座电路接线图

4. 插座、开关的安装

（1）插座　插座有盒式插座和嵌墙面板式、防水插座等，如图 3-40 所示，允许交流电压为 250V，电流为 5A、10A、16A（15A）。

（2）插座、开关的安装要求

1）插座一般安装高度为距地面 0.3～1.8m，幼儿园、学校应选 1.8m，其他一般为 1.3m，特殊情况下不应低于 0.15m，插座不应设置在地面上。

2）插座接线端子要严格按线位极性连接，不允许错位互换，插座连线规定如图 3-45 所示。

3）开关必须接相线上。

4）同一位置的多位置开关，要尽量使用多联开关，尽量减少使用单联开关。

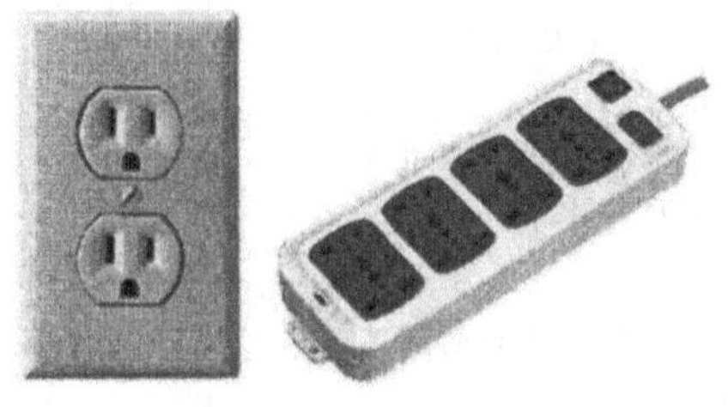

图 3-44 插座

图 3-45 插座连线规定

5. 白炽灯照明电路接线步骤及调试

1）按图 3-42 在网孔板上安装 QF、XT、S、螺口式平灯座、明盒。

2）先从 QF 出线端按照“左 N 右 L”引出 3 根导线穿管，接至 S 端子并引出 4 根导线后，将其安装固定在明盒上。

3）按图 3-43 完成接线，其中 L 用红色，N 用淡蓝色。

4）将 EL 安装在螺口式平灯座上。

5）用手轻轻晃动元器件和拽一下线，检查元器件安装和接线是否牢固。

6）确保元器件安装牢固、接线无误后，给电源控制屏卧箱上电，合上 QF，闭合 S，白炽灯亮，断开 S，白炽灯灭。

7）用万用表交流电压挡测试插座插孔电压为交流 220V。

四、技能评价

白炽灯和两孔插座电路安装与调试训练评价见表 3-22。

表 3-22 白炽灯和两孔插座电路安装与调试训练评价表

培训专业		姓名		指导教师		总分	
考核时间		实际时间	自 时 分起至 时 分止				
任务	配分	考核内容	评分标准	学生自评	小组互评	教师评价	得分
元器件选择并检测	10 分	1. 按照原理图选择元器件 2. 用万用表检测元器件	1. 元器件选择不正确，扣 5 分 2. 不会筛选元器件，扣 5 分				
安装元器件	10 分	1. 读懂原理图 2. 按照位置图正确安装电路 3. 安装位置应整齐、匀称、牢固、间距合理，便于元器件的更换	1. 读图不正确，扣 10 分 2. 电路安装不正确，扣 5 分 3. 安装位置不整齐、不匀称、不牢固或间距不合理等，每处扣 3 分				

（续）

任务	配分	考核内容	评分标准	学生自评	小组互评	教师评价	得分
线管布线	20分	1. 布管时应横平竖直，分布均匀，弯头少 2. 剥线时严禁损伤线芯和导线绝缘层 3. 接线点或接线柱严格按要求接线 4. 线管牢固、不松动	1. 不按图样的位置布线，每处扣1分 2. 线管安装位置与图样尺寸相差±5mm及以上，每处扣1分 3. 接线点（柱）不符合要求，扣5分 4. 损伤导线线芯或绝缘层，每根扣3分 5. 漏线，每根扣2分 6. 线路不牢固、松动，每处扣1分 7. 线管未压入管卡中，每处扣0.5分				
线管固定	10分	1. 直线两端、转弯处两端、入盒（箱、槽）前端需装管卡固定 2. 转弯处两端管卡对称，或管卡位置与规定相符 3. 线管直接进盒、箱、槽前的固定卡管位置与规定相符 4. 线管做鸭脖弯进盒（箱），固定管卡位置与规定相符 5. 直线段固定管卡间距合理、一致	1. 直线两端、转弯处两端、入盒（箱、槽）前端不装管卡固定，每处扣2分 2. 转弯处两端管卡不对称，或管卡位置与规定不符者，每处扣1分 3. 线管直接进盒、箱、槽前的固定卡管位置与规定不符，每处扣1分 4. 线管做鸭脖弯进盒（箱），固定管卡位置与规定不符，每处扣1分 5. 直线段固定管卡间距不合理、不一致，每处扣1分				
线管敷设工艺	20分	1. 直角转弯的偏差角度小于5° 2. 线管的弯曲处有褶皱、凹穴或裂缝、裂纹，管的弯曲处弯扁的长度小于规定 3. 线管入槽时用连接件或连接件不允许松动	1. 直角转弯的偏差角度大于5°，每处扣2分 2. 线管的弯曲处有褶皱、凹穴或裂缝、裂纹，管的弯曲处弯扁的长度大于规定，每处扣2分 3. 线管入槽时未用连接件或连接件松动，每处扣2分				

（续）

任务	配分	考核内容	评分标准	学生自评	小组互评	教师评价	得分
线路调试	20分	1. 会使用万用表测试电路 2. 完成线路调试，使白炽灯正常工作	1. 通电后白炽灯不亮，扣5分 2. 通电后开关不起作用，或不符合图样控制要求，扣2分 3. 通电后输出电压不正常，每处扣3分 4. 通电后箱内电路若发生跳闸、漏电等现象，可视事故的轻重，每处扣5分				
安全文明生产	10分	1. 工具摆放、工作台清洁、余废料处理 2. 严格遵守操作规程	1. 工具摆放不整齐，扣3分 2. 工作台清理不净，扣3分 3. 违章操作，视情节扣分				
教师签名：							

任务小结

通过本任务的学习，了解管槽材料的种类、用途以及接线箱（盒）的种类，掌握管路配置工艺要求及焊接，学会室内低压线路施工方法及步骤和工具安装工艺要求等；能熟识白炽灯照明电路和两孔插座电路工作原理，掌握白炽灯和两孔插座暗敷的安装与调试方法。

任务3　白炽灯电路的明敷安装与调试

知识目标

1. 说出槽板布线工艺要求。
2. 说出电气线路板前线槽配线的工艺要求。
3. 阐述两路白炽灯照明电路明敷安装方法及步骤。
4. 阐述白炽灯和三孔插座明敷安装方法及步骤。

技能目标

1. 能设计电路布线图。
2. 能读懂白炽灯明敷电路安装位置图，合理安装元器件。

3. 能完成白炽灯明敷电路安装布线。
4. 能对白炽灯明敷电路进行调试。

素质目标

1. 在元器件检测时，养成认真细致的习惯，确保数据准确可靠。
2. 在电路安装时，严格规范操作，树立质量监控责任。
3. 在电路布线时，节约用线，养成节约资源意识。
4. 在小组合作安装布线中培养团队合作精神。
5. 在电路调试中，养成安全意识。

知识链接

一、槽板布线工艺要求

槽板布线就是把绝缘导线敷设在槽板的线槽内，上面用盖板把导线盖住，然后固定在建筑物上的一种配线方式。槽板布线适用于办公室、卧室、图书馆等干燥的房间内。常用的槽板有木槽板和塑料槽板，其槽板布线步骤如下：

1. 定位画线

标明各种电气设备的位置，按照图样画出槽板敷设线路。

2. 凿孔与预埋

预埋件主要是木榫、螺栓、木螺钉和穿墙套管。在砖墙上固定槽板，可用钉子把槽板钉在预埋的木榫上；在抹灰的墙或顶棚上固定槽板，可以用钉子直接钉上；在混凝土结构上固定槽板，可利用预埋好的膨胀螺钉来固定。

3. 安装槽板

安装槽板时采用拼接的方法，有对接、转角拼接、T 形拼接、十字对接等，如图 3-46 所示。

槽板的拼接方法

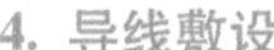

4. 导线敷设

一条槽板只能敷设同一回路的导线；不能挤压，也无接头；与其他电器连接时预留 100mm 左右的余量。

5. 固定盖板

塑料槽板敷设时利用燕尾槽直接扣在底槽板上，木槽板固定盖板可以用钉子直接钉在底槽板的中线上，钉子要垂直钉入，以免钉在导线上。两固定点之间的距离应不大于 300mm，距起点或终点的距离应不大于 30mm。

注意：

1）锯槽底和槽盖时，拐角方向要相同。
2）固定槽底时要钻孔，以免线槽开裂。
3）使用铁锯时，要小心锯条折断伤人。
4）PVC 槽板在转角处连接时，应把两根槽板端部各锯成 45°斜角。

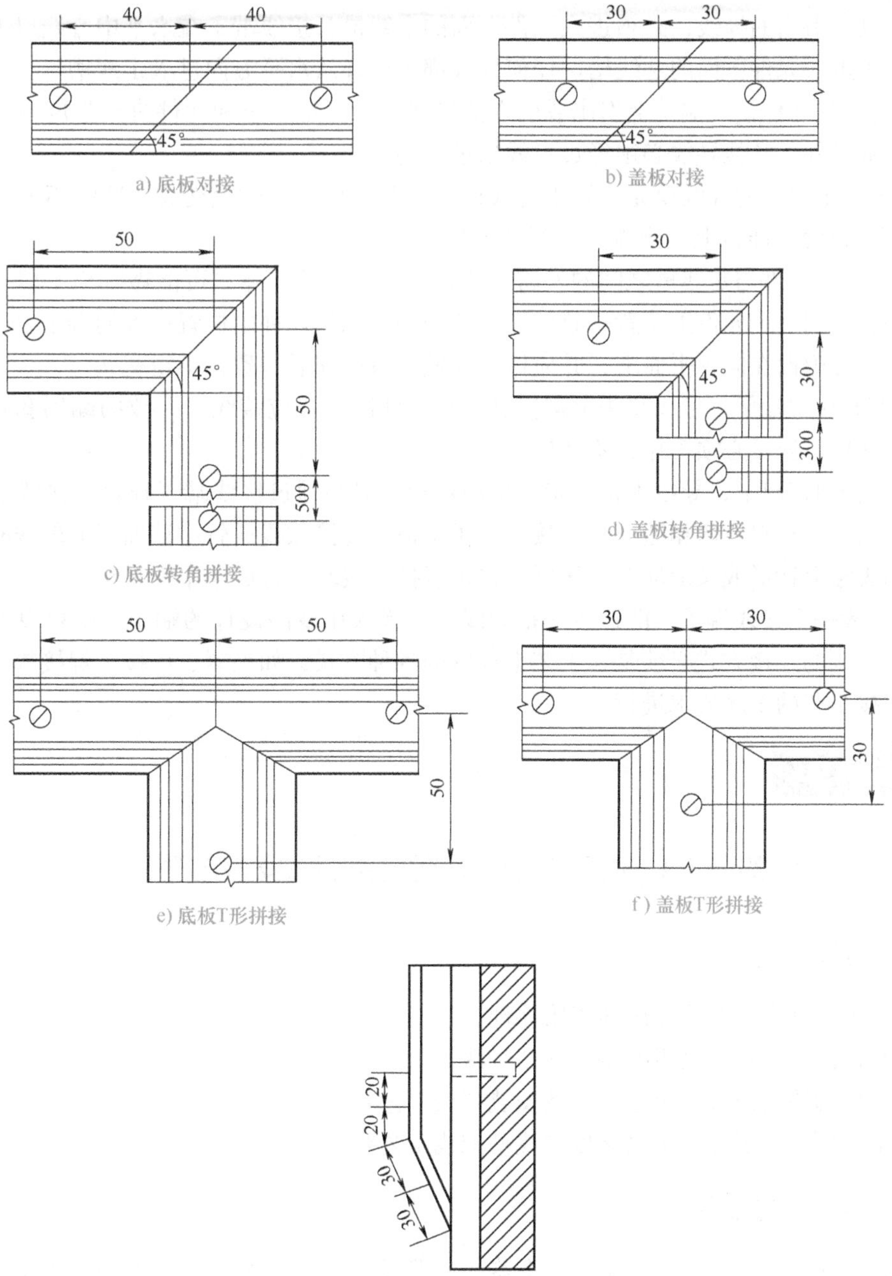

a) 底板对接

b) 盖板对接

c) 底板转角拼接

d) 盖板转角拼接

e) 底板T形拼接

f) 盖板T形拼接

g) 对端做法

图 3-46 槽板的拼接方法

二、电气线路板前线槽配线的工艺要求

1）所有导线的截面积等于或大于 0.5mm² 时，必须采用软线。考虑机械强度的原因，所用导线的最小截面积，在控制箱外为 1mm²，在控制箱内为 0.75mm²。

2）布线时，严禁损伤线芯和导线绝缘。

3）各电气元件接线端子引出导线的走向，以元件的水平中心线为界线，接线端子在水平中心线以上引出的导线，必须进入元件上面的走线槽；接线端子在水平中心线以下引出的导线，必须进入元件下面的走线槽。任何导线都不允许从水平方向进入走线槽。

4）各电气元件接线端子上引出或引入的导线，除间距很小和元件机械强度很差时允许直接架空敷设外，其他导线必须经过走线槽进行连接。

5）进入走线槽的导线要完全置于走线槽内，并应尽可能避免交叉，装线不要超过其容量的70%，以便于能盖上线槽盖和装配及维修。

6）各电气元件与走线槽之间的外露导线，应走线合理，并尽可能做到横平竖直，变换走向要垂直。同一个元件上位置一致的端子和同型号电气元件中位置一致的端子上引出或引入的导线，要敷设在同一平面上，并应做到高低一致或前后一致，不得交叉。

7）所有接线端子、导线线头上都应套有与电路图上相应接线号一致的编码套管，按接线号进行连接，连接必须牢靠，不得松动。

8）在任何情况下，导线不得于走线槽内连接，必须通过接线端子连接，接线端子必须与导线截面积和材料性质相适应。当接线端子不适合连接软线或较小截面积的软线时，可以在导线端头穿上针形或叉形轧头并压紧，也可以把导线端头打成羊眼圈在垫片下压紧。

9）一般一个接线端子只能连接一根导线，如果采用专门设计的端子，则可以连接两根导线。但导线的连接方式必须是在工艺上成熟的各种方式，如夹紧、压接、焊接等，并应严格按照连接工艺的工序要求进行。

技能训练

实训3-4　两路白炽灯照明电路明敷安装与调试

一、实训目的

1）熟悉各种常用照明元件的使用原理。

2）掌握两路白炽灯照明电路的安装步骤。

3）掌握两路白炽灯照明电路明敷安装布线工艺要求。

4）掌握两路白炽灯照明电路板前线槽配线工艺要求。

二、实训器材及材料

万用表、PVC线槽、塑料盒、断路器、单联开关、双联开关、铜导线、灯泡、灯座、电工工具一套等。

三、实训内容和步骤

1. 两路白炽灯电路原理图与电气平面图

两路白炽灯电路原理图如图3-47所示，两路白炽灯电路电气平面图如图3-48所示。

2. 两路白炽灯电路网孔板安装位置图

两路白炽灯电路网孔板安装位置图如图3-49所示。

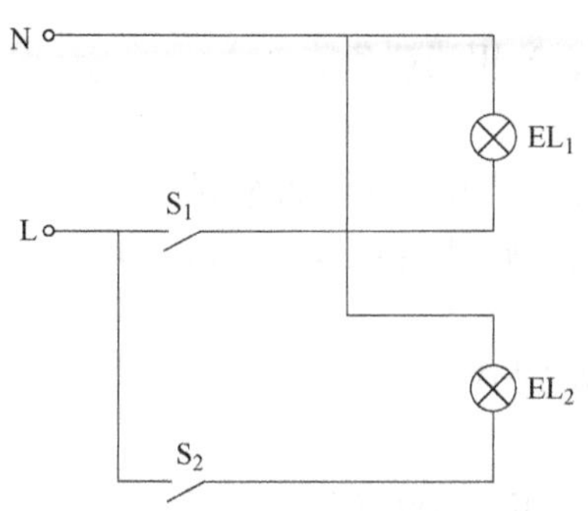

图 3-47　两路白炽灯电路原理图

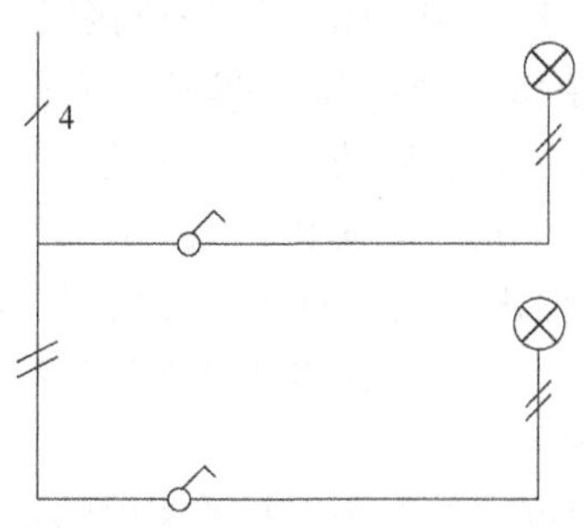

图 3-48　两路白炽灯电路电气平面图

3. 两路白炽灯电路接线图

图 3-50 为单联开关控制两路白炽灯电路接线图，图 3-51 为双联开关控制两路白炽灯电路接线图。

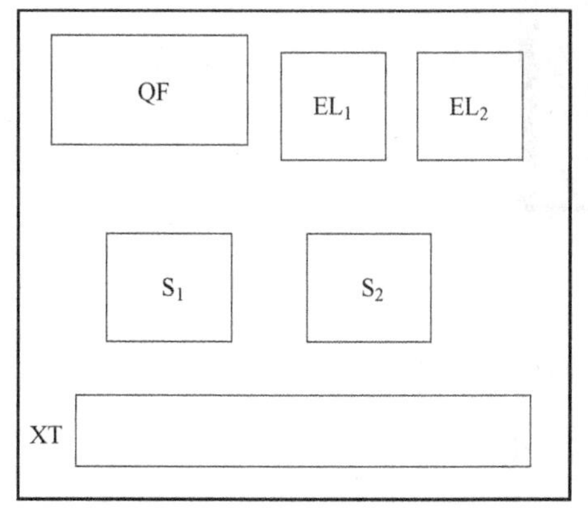

图 3-49　两路白炽灯电路网孔板安装位置图

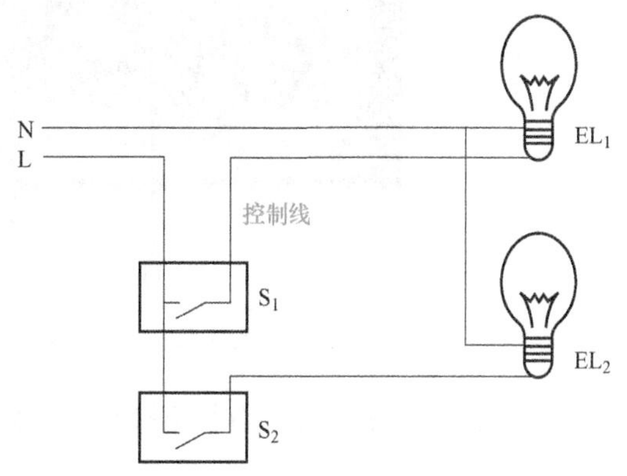

图 3-50　单联开关控制两路白炽灯电路接线图

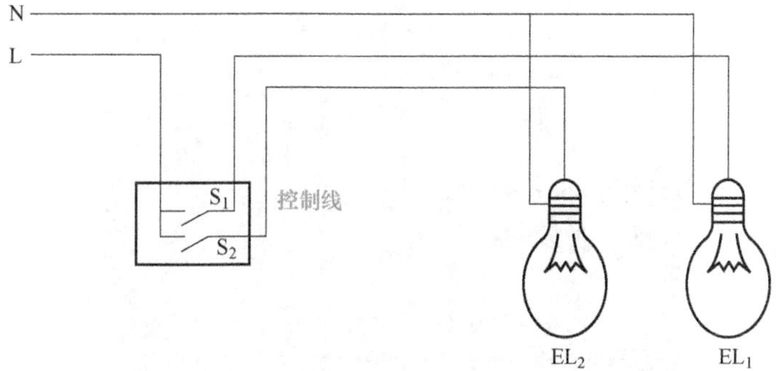

图 3-51　双联开关控制两路白炽灯电路接线图

4. 白炽灯照明电路接线步骤及调试

1）按图 3-49 在网孔板上安装 QF、XT、S_1、S_2、螺口式平灯座、明盒。

2）先从 QF 出线端按照“左 N 右 L”引出 4 根导线放入线槽，接至 S_1、S_2 端子并引出

4 根导线后，将其安装固定在明盒上。

3）按图 3-50、图 3-51 完成接线，其中 L 用红色，N 用淡蓝色。

4）将 EL_1、EL_2 安装在螺口式平灯座上。

5）用手轻轻晃动元器件和拽一下线，检查元器件安装和接线是否牢固。

6）确保元器件安装牢固、接线无误后，给电源控制屏卧箱上电，合上 QF，闭合开关 S_1 或 S_2，白炽灯亮，断开开关 S_1 或 S_2，白炽灯灭。

7）用万用表交流电压挡测试插座插孔电压为交流 220V。

拓展训练：

1）根据二开双控五孔插座电路示意图进行接线，如图 3-52 所示。

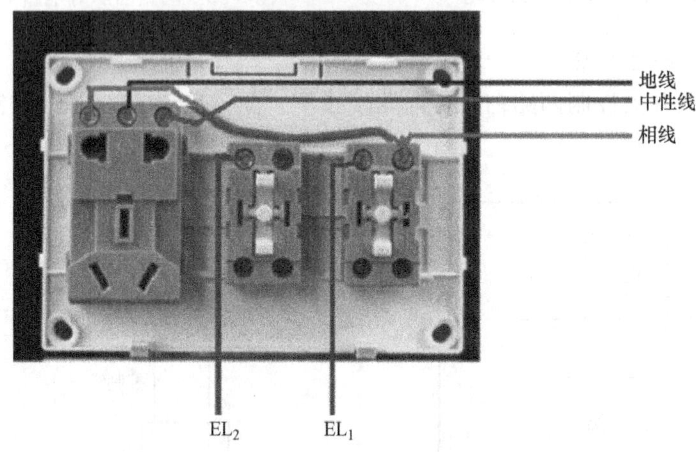

图 3-52　二开双控五孔插座电路接线示意图

2）图 3-53 所示为二开双控五孔插座电路实物接线图。

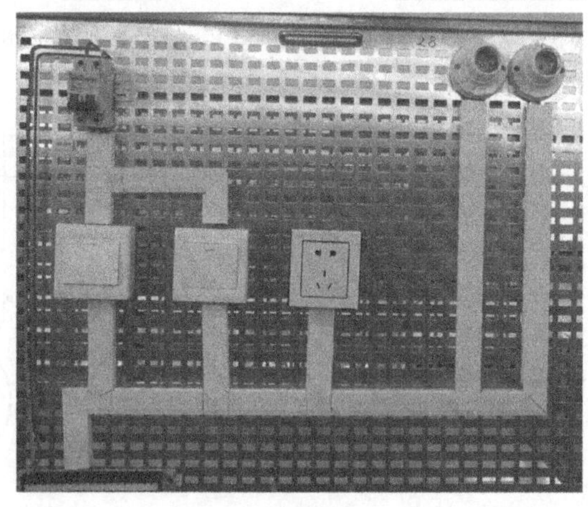

图 3-53　二开双控五孔插座电路实物接线图

四、技能评价

两路白炽灯照明电路明敷安装与调试训练评价见表 3-23。

表 3-23 两路白炽灯照明电路明敷安装与调试训练评价表

培训专业		姓名		指导教师		总分		
考核时间		实际时间	自 时 分起至 时 分止					
任务	配分	考核内容	评分标准	学生自评	小组互评	教师评价	得分	
元器件选择并检测	10分	1. 按照原理图选择元器件 2. 用万用表检测元器件	1. 元器件选择不正确，扣5分 2. 不会筛选元器件，扣5分					
安装元器件	10分	1. 读懂原理图 2. 按照位置图正确安装电路 3. 安装位置应整齐、匀称、牢固、间距合理，便于元器件的更换	1. 读图不正确，扣10分 2. 电路安装不正确，扣5分 3. 安装位置不整齐、不匀称、不牢固或间距不合理等，每处扣3分					
线槽走向与布局	10分	1. 线槽严格按照图样位置布局 2. 线槽安装位置与图样尺寸相差小于±5mm 3. 线槽牢固、不松动	1. 不按图样的位置布局，每处扣1分 2. 线槽安装位置与图样尺寸相差±5mm及以上，每处扣2分 3. 线槽不牢固、松动，每处扣1分					
线槽固定	10分	1. 40mm以上的线槽用螺钉固定在一条直线上 2. 固定螺钉间距规范，符合要求	1. 40mm以上的线槽没有并行固定或固定螺钉不在一条直线上或明显松动，每处扣1分 2. 固定螺钉间距不符合规范，每处扣1分					
线槽工艺	20分	1. 槽板端头对准电箱出线孔或处于开关盒、插座盒和灯座的中间位置 2. 柱面或接缝不超过1mm 3. 拐角、对接角度符合标准 4. 盖板盖到位或盖板接缝不超过1mm 5. 线槽终端不允许有未使用附件	1. 槽板端头未对准电箱出线孔或未处于开关盒、插座盒和灯座的中间位置，每处扣1分 2. 未贴柱面或接缝超过1mm，每处扣1分 3. 拐角角度不正确，每处扣2分 4. 未盖盖板，每段扣1分，盖板未盖到位或盖板接缝超过1mm，每处扣1分 5. 用错或未使用线槽终端附件，每处扣1分					

（续）

任务	配分	考核内容	评分标准	学生自评	小组互评	教师评价	得分
线槽进盒（箱）工艺	10分	1. 线槽与开关、插座底座连接入盒 2. 线槽与线管连接需用连接件	1. 线槽与开关、插座底座连接未入盒，每处扣1分 2. 线槽与线管连接未用连接件，每处扣1分				
线路调试	20分	1. 会使用万用表测试电路 2. 完成线路调试使白炽灯正常工作	1. 通电后白炽灯不亮，扣5分 2. 通电后开关不起作用，或不符合图样控制要求，扣2分 3. 通电后输出电压不正常，每处扣3分 4. 通电后箱内电路若发生跳闸、漏电等现象，可视事故的轻重，每处扣5分				
安全文明生产	10分	1. 工具摆放、工作台清洁、余废料处理 2. 严格遵守操作规程	1. 工具摆放不整齐，扣3分 2. 工作台清理不净，扣3分 3. 违章操作，视情节扣分				
教师签名：							

实训3-5　白炽灯和三孔插座电路明敷安装与调试

一、实训目的

1）熟悉各种常用照明元件的使用原理。
2）掌握白炽灯和三孔插座安装步骤。
3）掌握白炽灯和三孔插座安装明敷布线工艺要求。
4）掌握白炽灯和三孔插座安装板前线槽配线工艺要求。

二、实训器材及材料

万用表、PVC线槽、塑料盒、断路器、熔断器、单联开关、铜导线、灯泡、灯座、三孔插座、电工工具一套等。

三、实训内容和步骤

1. 白炽灯和三孔插座电路原理图与电气平面图

白炽灯和三孔插座电路原理图如图3-54所示，白炽灯和三孔插座电路电气平面图如图3-55所示。

2. 白炽灯和三孔插座电路网孔板安装位置图

白炽灯和三孔插座电路网孔板安装位置图如图3-56所示。

3. 白炽灯和三孔插座电路接线图

白炽灯和三孔插座电路接线图如图3-57所示。

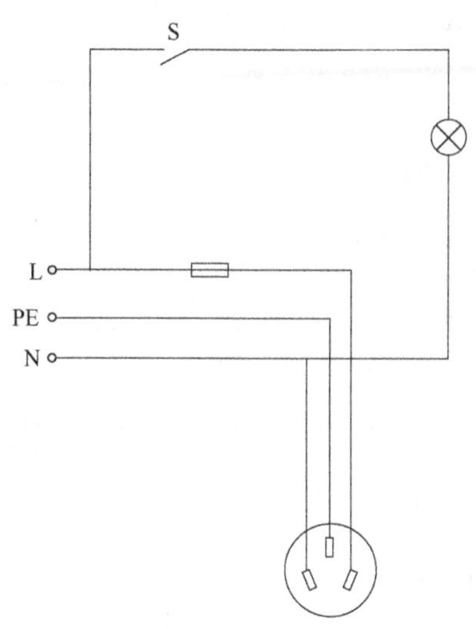

图 3-54 白炽灯和三孔插座电路原理图

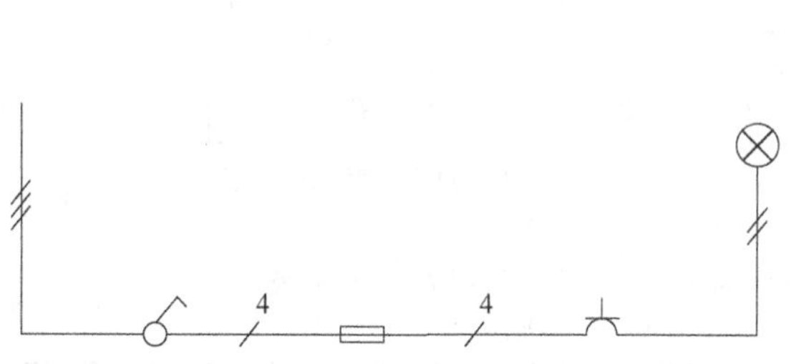

图 3-55 白炽灯和三孔插座电路电气平面图

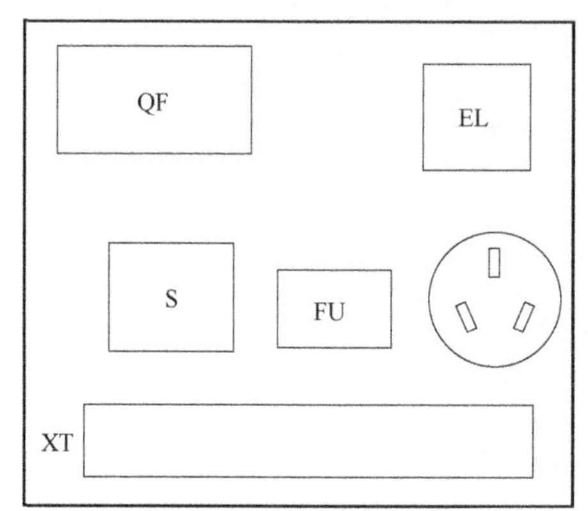

图 3-56 白炽灯和三孔插座电路网孔板安装位置图

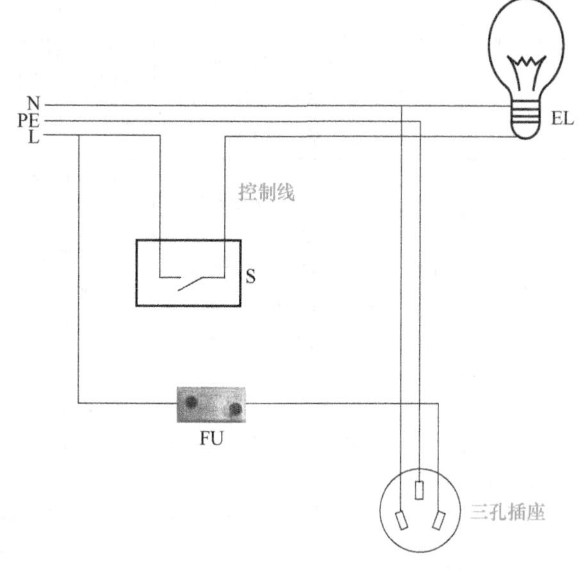

图 3-57 白炽灯和三孔插座电路接线图

4. 白炽灯照明电路接线步骤及调试

1）按图 3-56 在网孔板上安装 QF、XT、S、FU、三孔插座、螺口式平灯座、明盒。

2）先从 QF 出线端按照“左 N 右 L”引出 3 根导线放入线槽，接至 S 端子并引出 4 根导线后，将其安装固定在明盒上。

3）按图 3-57 完成接线，其中 L 用红色，N 用淡蓝色，PE 用绿-黄双色线。

4）将 EL 安装在螺口式平灯座上。

5）用手轻轻晃动元器件和拽一下线，检查元器件安装和接线是否牢固。

6）确保元器件安装牢固、接线无误后，给电源控制屏卧箱上电，合上 QF，闭合 S，白炽灯亮，断开 S，白炽灯灭。

7）用万用表交流电压挡测试插座插孔电压为交流 220V。

四、技能评价

白炽灯和三孔插座电路明敷安装与调试训练评价见表 3-24。

表 3-24 白炽灯和三孔插座电路明敷安装与调试训练评价表

培训专业		姓名		指导教师		总分	
考核时间		实际时间	自 时 分起至 时 分止				

任务	配分	考核内容	评分标准	学生自评	小组互评	教师评价	得分
元器件选择并检测	10 分	1. 按照原理图选择元器件 2. 用万用表检测元器件	1. 元器件选择不正确，扣 5 分 2. 不会筛选元器件，扣 5 分				
安装元器件	10 分	1. 读懂原理图 2. 按照位置图正确安装电路 3. 安装位置应整齐、匀称、牢固、间距合理，便于元器件的更换	1. 读图不正确，扣 10 分 2. 电路安装不正确，扣 5 分 3. 安装位置不整齐、不匀称、不牢固或间距不合理等，每处扣 3 分				
线槽走向与布局	10 分	1. 线槽严格按照图样位置布局 2. 线槽安装位置与图样尺寸相差小于±5mm 3. 线槽牢固、不松动	1. 不按图样的位置布局，每处扣 1 分 2. 线槽安装位置与图样尺寸相差±5mm 及以上，每处扣 2 分 3. 线槽不牢固、松动，每处扣 1 分				
线槽固定	10 分	1. 40mm 以上的线槽用螺钉固定在一条直线上 2. 固定螺钉间距规范，符合要求	1. 40mm 以上的线槽没有并行固定或固定螺钉不在一条直线上或明显松动，每处扣 1 分 2. 固定螺钉间距不符合规范，每处扣 1 分				
线槽工艺	20 分	1. 槽板端头对准电箱出线孔或处于开关盒、插座盒和灯座的中间位置 2. 柱面或接缝不超过 1mm 3. 拐角、对接角度符合标准 4. 盖板盖到位或盖板接缝不超过 1mm 5. 线槽终端不允许有未使用附件	1. 槽板端头未对准电箱出线孔或未处于开关盒、插座盒和灯座的中间位置，每处扣 1 分 2. 未贴柱面或接缝超过 1mm，每处扣 1 分 3. 拐角角度不正确，每处扣 2 分 4. 未盖盖板，每段扣 1 分，盖板未盖到位或盖板接缝超过 1mm，每处扣 1 分 5. 用错或未使用线槽终端附件，每处扣 1 分				

（续）

任务	配分	考核内容	评分标准	学生自评	小组互评	教师评价	得分
线槽进盒（箱）工艺	10分	1. 线槽与开关、插座底座连接入盒 2. 线槽与线管连接需用连接件	1. 线槽与开关、插座底座连接未入盒，每处扣1分 2. 线槽与线管连接未用连接件，每处扣1分				
线路调试	20分	1. 会使用万用表测试电路 2. 完成线路调试，使白炽灯正常工作	1. 通电后白炽灯不亮，扣5分 2. 通电后开关不起作用，或不符合图样控制要求，扣2分 3. 通电后输出电压不正常，每处扣3分 4. 通电后，箱内电路若发生跳闸、漏电等现象，可视事故的轻重，每处扣5分				
安全文明生产	10分	1. 工具摆放、工作台清洁、余废料处理 2. 严格遵守操作规程	1. 工具摆放不整齐，扣3分 2. 工作台清理不净，扣3分 3. 违章操作，视情节扣分				
教师签名：							

任务小结

通过本任务的学习，了解槽线板布线工艺和电气线路板前线槽配线工艺要求，熟悉槽板布线工艺要求，学会电气线路板前线槽配线方法及步骤等，知道白炽灯照明电路和三孔插座电路工作原理，掌握白炽灯照明电路和三孔插座明敷的安装与调试方法。

任务4　荧光灯电路的安装与调试

知识目标

1. 阐述荧光灯电路工作原理。
2. 阐述荧光灯电路安装的工艺要求。
3. 说出荧光灯电路安装方法及步骤。

技能目标

1. 能设计电路布线图。

2. 能读懂荧光灯电路安装位置图，合理安装元器件。
3. 能完成荧光灯电路安装布线。
4. 能对荧光灯电路进行调试。

素质目标

1. 在元器件检测时，养成认真细致习惯，确保数据准确可靠。
2. 在电路安装时，严格规范操作，树立质量监控责任。
3. 在电路布线时，节约用线，养成节约资源意识。
4. 在小组合作安装布线中培养团队合作精神。
5. 在电路调试中，养成安全意识。

知识链接

一、荧光灯电路的组成

荧光灯电路由灯管、镇流器、辉光启动器、开关等组成，如图 3-58 所示。灯管可视为电阻性负载，镇流器是一个电感线圈，因此荧光灯电路可看成一个电阻和电感串联的电路，等效电路如图 3-59 所示。

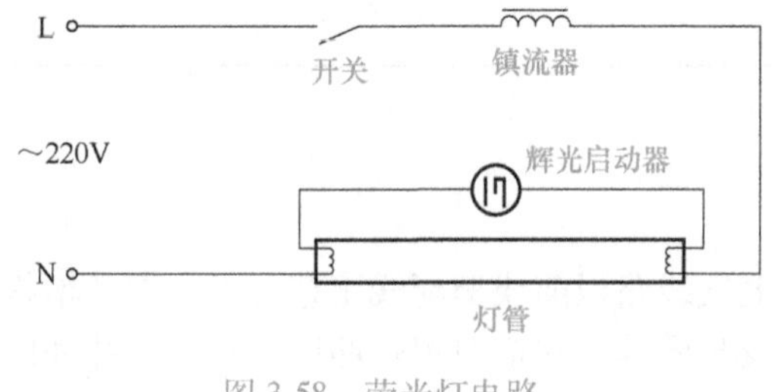

图 3-58　荧光灯电路

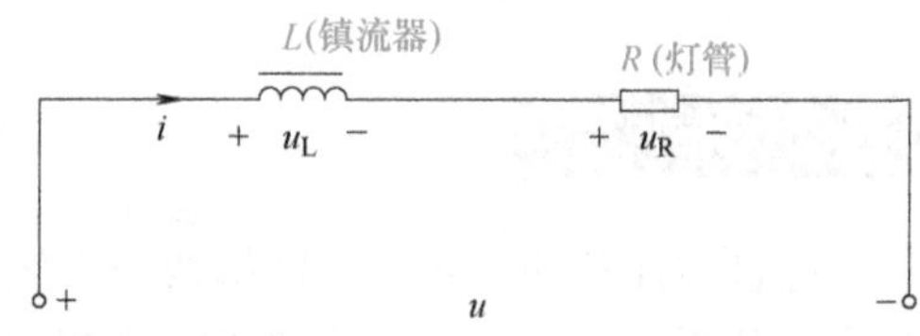

图 3-59　荧光灯等效电路

1. 灯管

灯管为电阻性负载，将电源的电能转换成光能。荧光灯管引脚如图 3-60 所示，安装接线时，引脚 2 和引脚 3 与辉光启动器并联，引脚 4 与镇流器的一端连接，引脚 1 与开关的一端连接。

2. 开关

灯控开关是墙壁板式开关，通常一块面板设 1~4 个开关或复合 1~2 个插座。开关允许的交流电压为 250V，电流为 5A、10A、15A 等。

3. 镇流器

镇流器是一个带铁心的电感线圈，当线圈中的电流发生变化时，引起线圈中磁通的变化，从而产生感应电动势，其方向与电流的方向相反，因而阻碍电流变化。镇流器在荧光灯起动时产生瞬时高压，在正常工作时起降电压、限电流作用。

4. 辉光启动器

辉光启动器由充有氖气的玻璃泡、静触片、动触片组成，如图 3-61 所示。

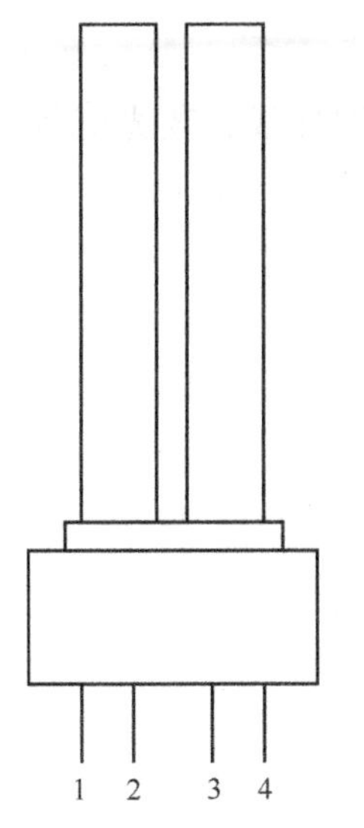

图 3-60 荧光灯管引脚示意图

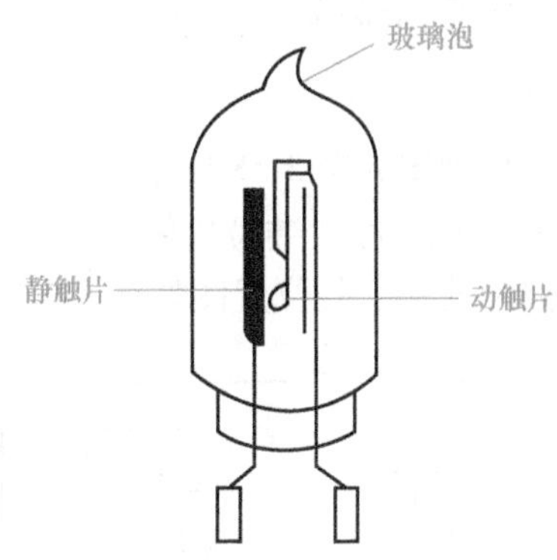

图 3-61 辉光启动器结构图

5. 灯座

灯座有螺口和插口两种，根据安装形式不同又分为平灯座和吊灯座。插口式平灯座上有两个接线桩，可任意连接中性线和相线。

二、工作原理

在荧光灯电路刚接通电源的时候，灯管不能点燃，电源电压通过灯丝全部加在辉光启动器内的两个金属片上（这一瞬间镇流器因无电流通过而不产生电压降），使氖管中产生辉光放电发热，金属片受热膨胀而弯曲，动静触片接触，使整个回路接通，电流使灯管的灯丝加热，产生热电子发射；此时辉光启动器内两金属片因接触使电压降为零，双金属片逐渐冷却恢复原状而将电路断开，由于电路中电流突然中断，以致镇流器两端感应出一个高电压，它与电源电压一起加到灯管两端，使管内的自由电子与汞蒸气碰撞电离，产生弧光放电，放电时发出的紫外线射到灯管内壁，激发荧光质发出可见光。荧光灯亮后其灯管两端工作电压立即降低，电源电压大部分落在镇流器上，因此辉光启动器不能再发生辉光放电。

技能训练

实训 3-6 荧光灯电路安装与调试

一、实训目的

1）熟悉荧光灯、辉光启动器、镇流器的结构、原理和使用方法。

2）了解荧光灯的工作原理。

3）学会荧光灯电路安装步骤和调试方法。

二、实训器材及材料

万用表、PVC 线槽、塑料盒、断路器、单联开关、铜导线、荧光灯管、荧光灯灯座、镇流器、辉光启动器、辉光启动器座、U 型灯管金属固定夹、电工工具一套等。

三、实训内容和步骤

1. 荧光灯电路原理图

荧光灯电路原理图如图 3-58 所示。

2. 荧光灯电路网孔板安装位置图

荧光灯电路网孔板安装位置图如图 3-62 所示。

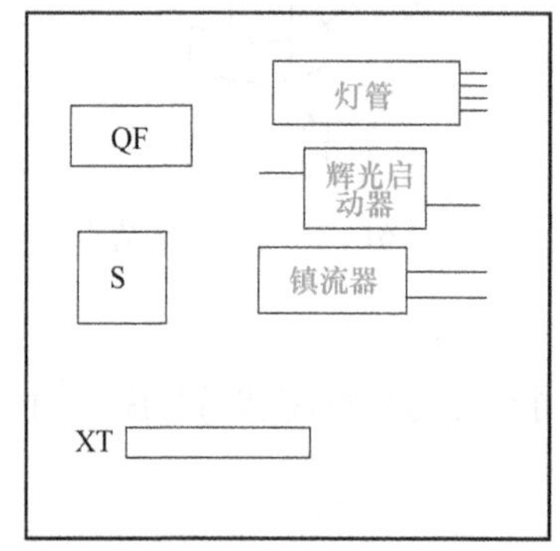

图 3-62 荧光灯电路网孔板安装位置图

荧光灯电路网孔板安装

3. 荧光灯电路接线图

荧光灯电路接线图如图 3-63 所示。

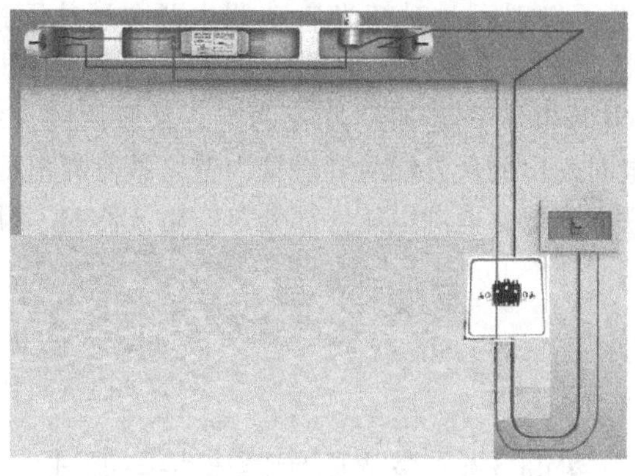

图 3-63 荧光灯电路接线图

4. 荧光灯电路接线步骤及调试

荧光灯的安装方式有悬吊式和吸顶式。吸顶式安装时，灯架与天花板之间应留 15mm 的间隙，以便通风，如图 3-64 所示。

1）按照图 3-62 安装荧光灯座、镇流器、辉光启动器座、明盒于网孔板上。

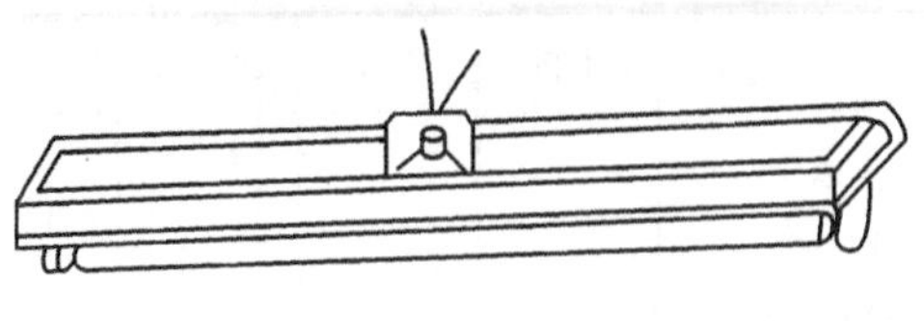

a) 吸顶式

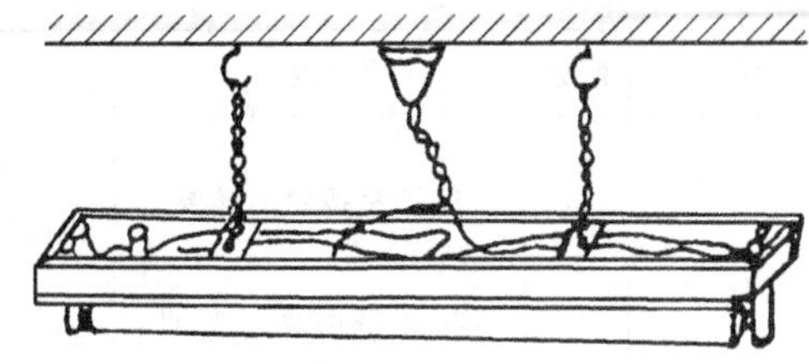

b) 悬吊式

图 3-64　荧光灯的安装方式

2）根据荧光灯管长度，选择合适位置安装 U 型灯管金属固定夹；从 S 端口引出两根线后再把 S 安装在明盒上。

3）按图 3-63 完成接线。

4）将荧光灯插入灯座内，并用 U 型灯管金属固定夹固定住荧光灯管；将辉光启动器旋入辉光启动器座内。

5）用手轻轻晃动元器件并拽一下导线，检查元器件安装和接线是否牢固。

6）确保元器件安装牢固、接线无误后，给电源控制屏卧箱上电，合上 QF，闭合 S，荧光灯亮，断开 S，荧光灯灭。

四、技能评价

荧光灯电路安装与调试训练评价见表 3-25。

表 3-25　荧光灯电路安装与调试训练评价表

培训专业		姓名		指导教师		总分	
考核时间		实际时间	自　　时　　分起至　　时　　分止				
任务	配分	考核内容	评分标准	学生自评	小组互评	教师评价	得分
元器件选择并检测	20分	1. 按照原理图选择元器件 2. 用万用表检测元器件	1. 元器件选择不正确，扣5分 2. 不会筛选元器件，扣5分				
安装灯具、开关	20分	1. 读懂原理图 2. 按照位置图正确安装电路 3. 安装位置应整齐、匀称、牢固、间距合理，便于元器件的更换 4. 接线时留有 150～200mm 的余量，多余线缠绕成螺旋状放入接线盒	1. 不按图样的位置安装，每处扣3分 2. 安装位置尺寸与图样要求相差 ±5mm 或以上，或倾斜，每处扣5分 3. 相线、中性线、接地线不按图样线径要求配线和分色，每处扣3分 4. 接线端处露铜超过 3mm，每处扣1分 5. 接线不留 150～200mm 余量，每处扣0.5分				

（续）

任务	配分	考核内容	评分标准	学生自评	小组互评	教师评价	得分
线路的连接	30 分	1. 严格按照图样要求接线 2. 接线时横平竖直、不交叉、不跨接线 3. 导线绝缘层压接或剥线时不允许伤线 4. 荧光灯连接线捆扎时牢靠、规范 5. 进出线连接可靠、整齐、留有余量	1. 按供配电系统图要求，少接或错接线，每根扣 1 分 2. 所接 BV 线不横平竖直、有交叉、外露铜丝过长、有跨接、有压绝缘层或绝缘层损坏等，每处扣 2 分 3. 荧光灯连接线没有捆扎扣 2 分，捆扎不牢或不规范最多扣 1 分 4. 进出线连接不可靠、不整齐或留余量不足，每处扣 2 分				
线路调试	20 分	1. 会使用万用表测试电路 2. 完成线路调试，使荧光灯正常工作	1. 通电后荧光灯不亮，扣 5 分 2. 通电后开关不起作用，或不符合图样控制要求，扣 2 分 3. 通电后输出电压不正常，每处扣 3 分 4. 通电后箱内电路若发生跳闸、漏电等现象，可视事故的轻重，每处扣 5 分				
安全文明生产	10 分	1. 工具摆放、工作台清洁、余废料处理 2. 严格遵守操作规程	1. 工具摆放不整齐，扣 3 分 2. 工作台清理不净，扣 3 分 3. 违章操作，视情节扣分				
教师签名：							

任务小结

通过本任务的学习，了解荧光灯电路的工作原理，熟悉荧光灯电路的安装工艺要求，学会荧光灯电路的安装方法及调试步骤。

任务 5　一灯双控电路的安装与调试

知识目标

1. 阐述常用照明元件的使用原理。

2. 阐述一灯双控电路工作原理，了解双联开关的结构和安装方法。
3. 阐述线槽明敷布线工艺要求。
4. 说出一灯双控电路安装方法及调试步骤。

技能目标

1. 能设计电路布线图。
2. 能读懂一灯双控电路安装位置图，合理安装元器件。
3. 能完成一灯双控电路安装布线。
4. 能对一灯双控电路进行调试。

素质目标

1. 在元器件检测时，养成认真细致的习惯，确保数据准确可靠。
2. 在电路安装时，严格规范操作，树立质量监控责任。
3. 在电路布线时，节约用线，养成节约资源意识。
4. 在小组合作安装布线中培养团队合作精神。
5. 在电路调试中，养成安全意识。

知识链接

一、一灯双控电路的组成

一灯双控电路是用两只双联开关，在两个地方控制一盏灯，如图 3-65 所示。这种形式的电路通常用于楼梯或走廊上，在楼上、楼下或走廊两端均可控制灯的接通和断开。

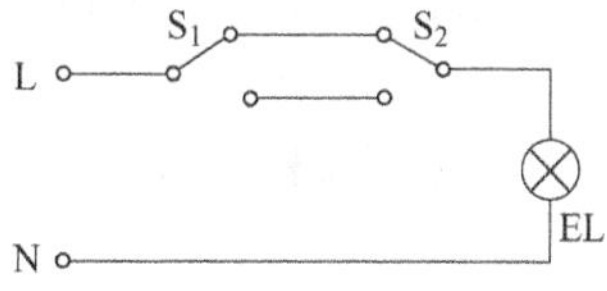

图 3-65 一灯双控电路原理图

1. 双联开关

双联开关又称单刀双掷开关，有一个公共端、两个接线端，组合成一对动合触点、一对动断触点。在动作时，动合触点闭合、动断触点断开。双联开关外形如图 3-66 所示。

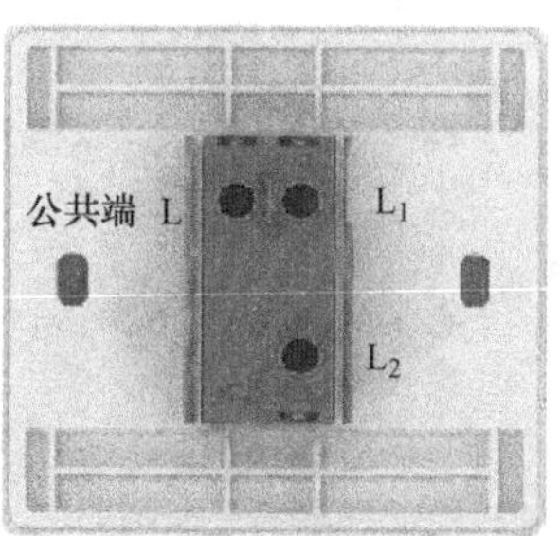

图 3-66 双联开关外形

2. 节能灯

节能灯又称为紧凑型荧光灯，是指荧光灯与镇流器组合成一个整体的照明设备。

二、工作原理

接通电源，合上双联开关 S_1 或 S_2，整个线路通电，节能灯 EL 亮，断开双联开关 S_1 或 S_2，节能灯 EL 灭。

技能训练

实训 3-7　一灯双控电路安装与调试

一、实训目的

1）熟悉双联开关的结构、原理和使用方法。
2）了解一灯双控电路的工作原理。
3）学会一灯双控电路的安装步骤和调试方法。

二、实训器材及材料

万用表、PVC 线槽、塑料盒、断路器、双联开关、铜导线、节能灯、灯座、电工工具一套等。

三、实训内容和步骤

1. 一灯双控电路原理图

一灯双控电路原理图如图 3-65 所示，一灯双控电路电气平面图如图 3-67 所示。

2. 一灯双控电路网孔板安装位置图

一灯双控电路网孔板安装位置图如图 3-68 所示。

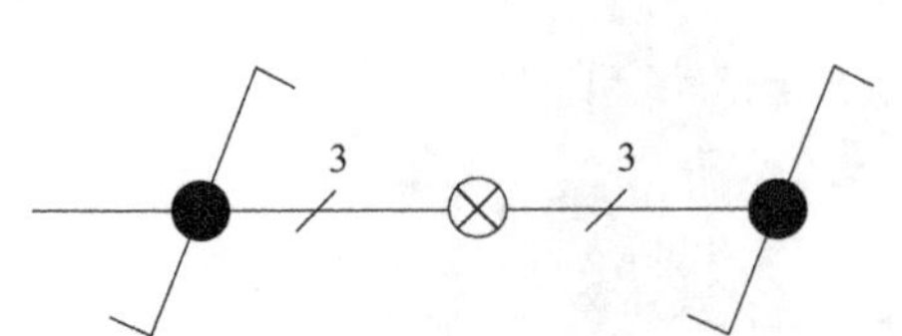

图 3-67　一灯双控电路电气平面图

QF
EL
S
S_2
S_1
XT

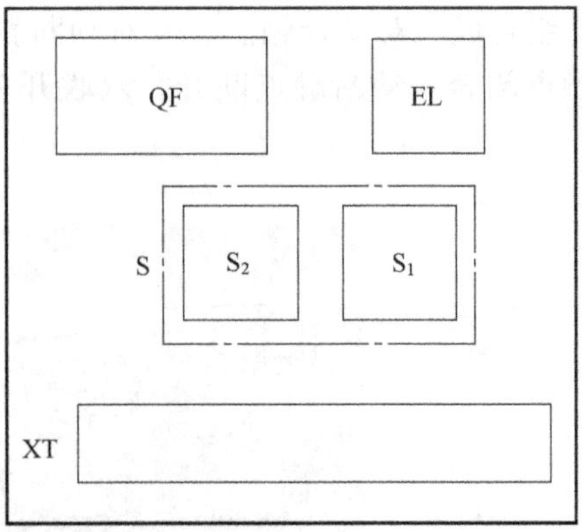

图 3-68　一灯双控电路网孔板安装位置图

3. 一灯双控电路接线图

一灯双控电路接线图如图 3-69 所示。

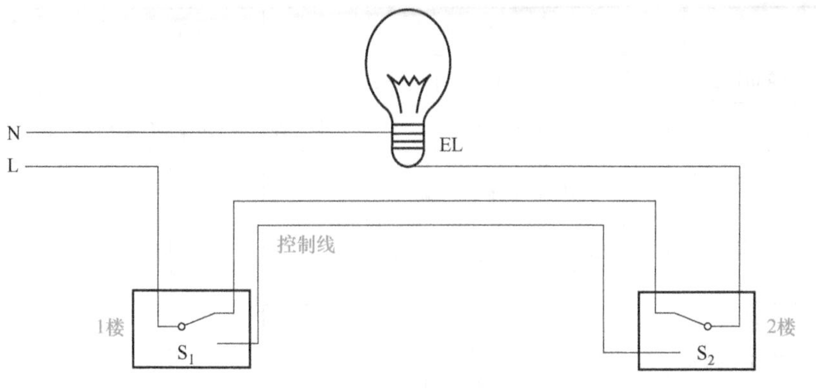

图 3-69　一灯双控电路接线图

一灯双控电路接线

4. 一灯双控电路接线步骤及调试

1）按照图 3-68 安装断路器、灯座、双联开关、明盒于网孔板上。

2）从 S 端子引出 6 根导线后，将其安装固定在明盒上。

3）按图 3-69 完成接线，其中 L 用红色，N 用淡蓝色。

4）用手轻轻晃动元器件并拽一下导线，检查元器件安装和接线是否牢固。

注意：

S_1、S_2 应串接在 L 上。

5）确保元器件安装牢固、接线无误后，给电源控制屏卧箱上电，合上 QF，闭合 S_1 或 S_2，EL 亮，断开 S_1 或 S_2，EL 灭。

电路实物图如图 3-70 所示。

图 3-70　一灯双控电路实物图

一灯双控电路实物

四、技能评价

一灯双控电路安装与调试训练评价见表 3-26。

表 3-26　一灯双控电路安装与调试训练评价表

培训专业		姓名		指导教师		总分		
考核时间		实际时间	自　时　分起至　时　分止					
任务	配分	考核内容	评分标准	学生自评	小组互评	教师评价	得分	
元器件选择并检测	10分	1. 按照原理图选择元器件 2. 用万用表检测元器件	1. 元器件选择不正确，扣5分 2. 不会筛选元器件，扣5分					
安装元器件	10分	1. 读懂原理图 2. 按照位置图正确安装电路 3. 安装位置应整齐、匀称、牢固、间距合理，便于元器件的更换	1. 读图不正确，扣10分 2. 电路安装不正确，扣5分 3. 安装位置不整齐、不匀称、不牢固或间距不合理等，每处扣3分					
线槽走向与布局	10分	1. 线槽严格按照图样位置布局 2. 线槽安装位置与图样尺寸相差小于±5mm 3. 线槽牢固、不松动	1. 不按图样的位置布局，每处扣1分 2. 线槽安装位置与图样尺寸相差±5mm及以上，每处扣2分 3. 线槽不牢固、松动，每处扣1分					
线槽固定	10分	1. 40mm以上的线槽螺钉固定在一条直线上 2. 固定螺钉间距规范，符合要求	1. 40mm以上的线槽没有并行固定或固定螺钉不在一条直线上或明显松动，每处扣1分 2. 固定螺钉间距不符合规范，每处扣1分					
线槽工艺	20分	1. 槽板端头对准电箱出线孔或处于开关盒、插座盒和灯座的中间位置 2. 柱面或接缝不超过1mm 3. 拐角、对接角度符合标准 4. 盖板盖到位或盖板接缝不超过1mm 5. 线槽终端不允许有未使用附件	1. 槽板端头未对准电箱出线孔或未处于开关盒、插座盒和灯座的中间位置，每处扣1分 2. 未贴柱面或接缝超过1mm，每处扣1分 3. 拐角角度不正确，每处扣2分 4. 未盖盖板，每段扣1分，盖板未盖到位或盖板接缝超过1mm，每处扣1分 5. 用错线槽终端附件或未使用，每处扣1分					
线槽进盒（箱）工艺	10分	1. 线槽与开关、插座底座连接入盒 2. 线槽与线管连接需用连接件	1. 线槽与开关、插座底座连接未入盒，每处扣1分 2. 线槽与线管连接未用连接件，每处扣1分					

（续）

任务	配分	考核内容	评分标准	学生自评	小组互评	教师评价	得分
线路调试	20分	1. 会使用万用表测试电路 2. 完成线路调试，使白炽灯正常工作	1. 通电后白炽灯不亮，扣5分 2. 通电后开关不起作用，或不符合图样控制要求，扣2分 3. 通电后输出电压不正常，每处扣3分 4. 通电后箱内电路若发生跳闸、漏电等现象，可视事故的轻重，每处扣5分				
安全文明生产	10分	1. 工具摆放、工作台清洁、余废料处理 2. 严格遵守操作规程	1. 工具摆放不整齐，扣3分 2. 工作台清理不净，扣3分 3. 违章操作，视情节扣分				
教师签名：							

任务小结

通过本任务的学习，了解槽板布线工艺和电气线路板前线槽配线工艺要求，熟悉槽板布线工艺要求，学会电气线路板前线槽配线方法及步骤等，掌握一灯双控电路工作原理，掌握一灯双控电路明敷的安装与调试方法。

思考与练习

一、填空题

1. 电灯安装实训中，用万用表________挡来检测电路的通断，若指针偏转至最左端，说明此时电路________，若指针偏转靠右侧，说明此时电路__________。

2. 在我国的三相四线制配电中线电压是______ V；通常照明线路所用的电压是______ V。常用电工工具（如测电笔、电工钳等）的绝缘电压是________ V。

3. 检修线路时，将测电笔分别接触灯头的两个接线柱。若接触时两次氖管都发亮，此时开关接通，灯丝完好但不会亮，则说明故障在连接______线的线路上；若接触两个接线柱时测电笔都不会亮，则说明故障在连接________线的线路上。（填“中性”或“相”）

4. 安装螺口式灯座时，经过开关的相线必须与灯座的______接线柱连接。

5. 室内电路布线一般要符合下列规定：（1）导线水平敷设距地面不小于________ m；（2）电灯的吊式灯头离地面高度应不小于______ m；（3）插座距地面的高度不得低于______ m；（4）壁式开关距地面高度不得低于____ m，拉线开关距地面高度应大于____ m。

6. 明线安装一盏白炽灯所需的主要器件有______、______和______。

7. 在选择导线时，除了考虑导电性能外，还必须考虑导线的______，普通家庭选用的铜芯线导线截面积应大于________ mm^2。

8. 断路器能代替刀开关和熔断器，它的优点是__________。安装断路器时，应使手柄向______（填“上”或“下”）为断开电源。

9. 线槽种类可分为______和________。

二、选择题

1. 白炽灯的工作原理是（　　）。

A. 电磁感应原理　　B. 电流的热效应

C. 电流的磁感应　　D. 化学效应

2. 白炽灯正常工作时，白炽灯的额定电压应（　　）供电电压。

A. 大于　　B. 小于　　C. 等于　　D. 略低于

3. 安装白炽灯的关键是灯座、开关要（　　）联，（　　）线要进开关，（　　）线要进灯座。

A. 并、相、中性　　B. 并、中性、相　　C. 串、中性、相　　D. 串、相、中性

4. 室内照明线路不能采用的导线是（　　）。

A. 塑料保护套线　　B. 单行硬线　　C. 裸导线　　D. 棉编织物三芯护套线

5. 下列照明线路故障中会造成熔丝熔断的是（　　）。

A. 线路某处芯线断开　　B. 熔丝盒接线柱与导线接触不良

C. 灯头被水严重打湿　　D. 灯泡断丝

三、问答题

1. 常用照明灯的种类有哪些？

2. 简述白炽灯和三孔明敷电路由哪些部件组成及其安装步骤。

3. 荧光灯由哪些部件组成？

4. 室内布线常用的方式有哪些？

5. 简述室内槽板布线的工艺步骤。

6. 简述电气线路板前线槽配线的工艺步骤。

7. 电气读图基本要求有哪些？

8. 线管布线工艺要求有哪些？

项目4

配电线路安装与调试

任务1　单相电度表的配线安装与调试

知识目标

1. 阐述单相电度表的结构、原理和使用。
2. 说出单相电度表配电线路安装方法。
3. 阐述单相电度表配电线路工作原理。

技能目标

1. 能设计电路布线图。
2. 能读懂单相电度表配电箱安装位置图，合理安装元器件。
3. 能完成单相电度表配电箱安装布线。
4. 能对单相电度表配电箱进行调试。

素质目标

1. 在元器件检测时，养成认真细致的习惯，确保数据准确可靠。
2. 在电路安装时，严格规范操作，树立质量监控责任。
3. 在电路布线时，节约用线，养成节约资源意识。
4. 在小组合作安装布线中培养团队合作精神。
5. 在电路调试中，养成安全意识。

知识链接

一、单相电度表

电度表又称电能表，是对用户的用电量进行计量的仪表，按电源相数分有单相电度表和

三相电度表，在小容量照明配电板上，大多使用单相电度表。

1. 电度表的选择

选择电度表时，应考虑照明灯具和其他用电器的总耗电量，电度表的额定电流应大于室内所有用电器的总电流，电度表所能提供的电功率为额定电流和额定电压的乘积。

2. 电度表的安装

单相电度表一般应安装在配电板的左边，而开关应安装在配电板的右边，与其他电器的距离大约为60mm。安装时应注意，电度表与地面必须垂直，其中心离地面的垂直高度为1.4~1.8m，否则将会影响电度表计数的准确性。

3. 电度表的接线

单相电度表的接线盒内有4个接线端子，自左向右编号为1、2、3、4。接线方法是1、3接进线，2、4接出线，如图4-1所示。

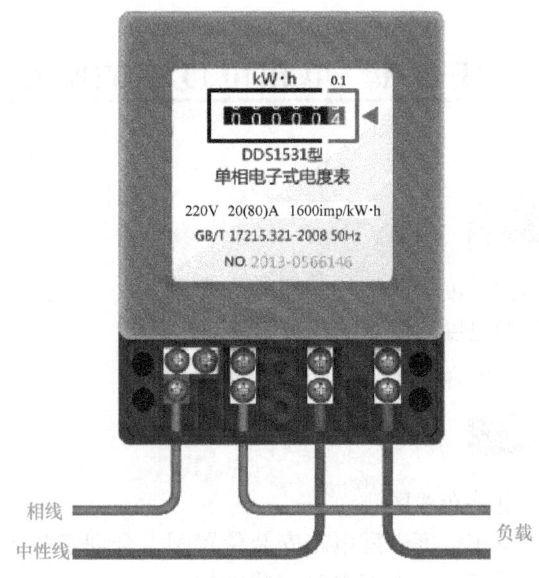

a) 单相电度表

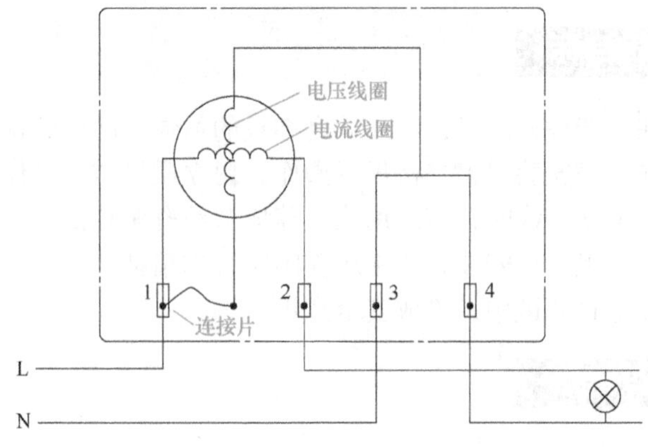

b) 单相电度表原理图

图4-1 单相电度表接线方法

单相电度表接线方法

4. 工作原理

电度表工作时，电流线圈和电压线圈产生交变磁场，使铝盘感应出的涡流与交变磁场相互作用，驱使铝盘转动，制动部分的永磁铁在铝盘转动时产生制动力矩，使铝盘的转速和被测功率成正比，这样铝盘的转数就能反映被测电能的大小，再通过电度表的传动结构计算出在一定时间内的转数，从而累计出电能。

二、低压配电箱

低压配电箱将总线路上的电能分别向几个支线供电，同时具有对用电设备进行控制、测量及保护的作用。因此，它是保障电力系统安全正常运行的最基本环节，箱内一般装有电度表、断路器、电流互感器、插座、电压表、电流表等，如图 4-2 所示。

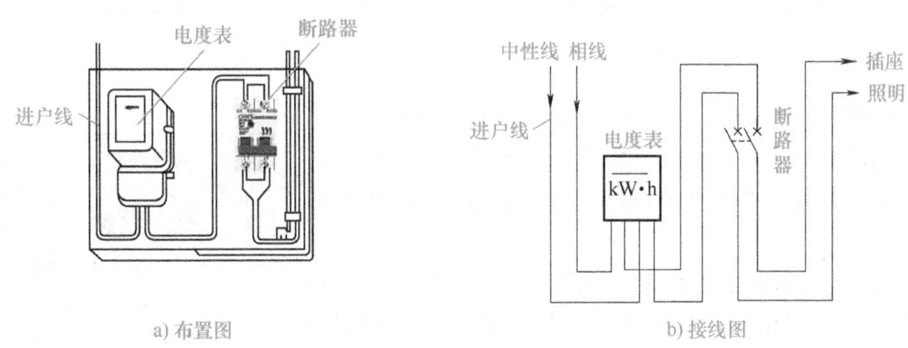

图 4-2 低压配电箱布置图和接线图

1. 配电箱的安装要求

配电箱的安装高度应按设计要求确定。配电箱底边距地面的高度一般分以下几种：

1）一般暗装配电箱为 1.4m。

2）明装配电箱和明装照明配电盘不应小于 1.8m。

3）装在户外时与地距离不应小于 2.5m。

4）配电箱安装的垂直偏差不应大于 3mm，操作手柄距侧墙的距离不应小于 200mm。

2. 配电箱的配线要求

配电箱内连接电度表、电流互感器等的二次绕组，应采用截面积不小于 2.5mm^2 的铜芯绝缘导线。

为了提高配电箱中配线的绝缘强度和便于维护，导线均需按相位颜色套上软塑料管，分别以黄、绿、红、黑色表示 L1、L2、L3 相线和中性线。

三、电源插座的安装

电源插座是各种用电器的供电点，一般不用开关控制，只串接瓷熔丝盒或直接接入电源。单相插座分双孔和三孔，三相插座为四孔。照明线路上常用单相插座，使用时最好选用扁孔的三孔插座，它带有保护接地，可避免发生用电事故。

明装插座的安装步骤和工艺与安装吊线盒大致相同，先安装圆木或木台，然后把插座安装在圆木或木台上。对于暗敷线路，需要使用暗装插座，暗装插座应安装在预埋墙内的插座盒中。

1）两孔插座在水平排列安装时，应中性线接左孔，相线接右孔；垂直排列安装时，应中性线接下孔，相线接上孔，如图 4-3 所示。三孔插座安装时，下方两孔接电源线，中性线接左孔，相线接右孔，上方孔接保护接地线，如图 4-4 所示。插座实物图如图 4-5 所示。

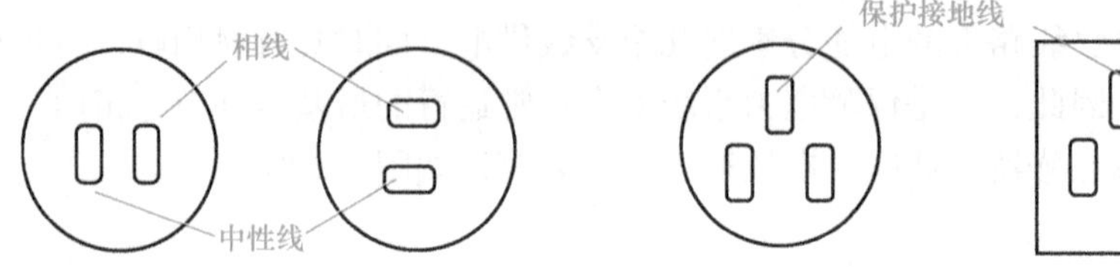

图 4-3　两孔插座示意图　　图 4-4　三孔插座示意图

2）插座的安装高度，一般应与地面保持 1.4m 的垂直距离，特殊需要时可以低装，离地高度不得低于 0.15m，且应采用安全插座。但幼儿园和学校等儿童集中的地方禁止低装。

3）在同一块木台上安装多个插座时，每个插座相应位置和插孔相位必须相同，接地孔的接地必须正规，相同电压和相同相数的插座，应选用统一的结构形式，不同电压或不同相数的插座，应选用有明显区别的结构形式，并标明电压。

图 4-5　插座实物图

技能训练

实训 4-1　单相电度表直接接线电路安装与调试

一、实训目的

1）熟悉单相电度表的结构、原理和使用。

2）掌握单相电度表直接接线电路。

二、实训器材及材料

万用表、单相电度表、网孔板、断路器、白炽灯、导轨、插座、电工工具一套等。

三、实训内容和步骤

1. 单相电度表直接接线电路原理图

单相电度表直接接线电路原理图如图 4-6 所示，kW · h 为单相电度表，XS 为插座。

2. 单相电度表直接接线电路网孔板安装位置图

单相电度表直线接线电路网孔板安装位置图如图 4-7 所示。

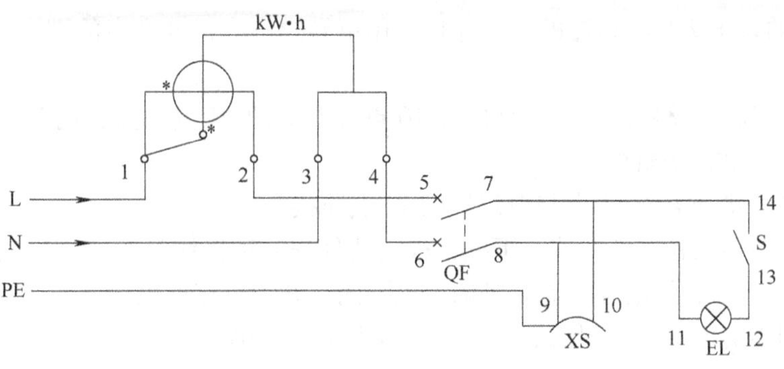

图 4-6　单相电度表直接接线电路原理图

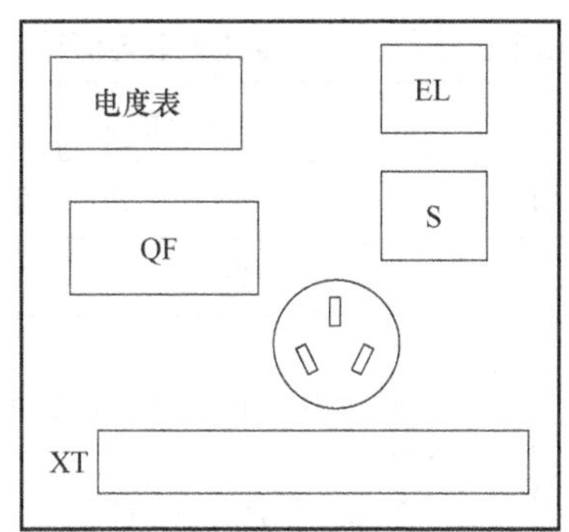

图 4-7　单相电度表直接接线电路网孔板安装位置图

3. 单相电度表直接接线电路接线图

单相电度表直接接线电路接线图如图 4-8 所示。

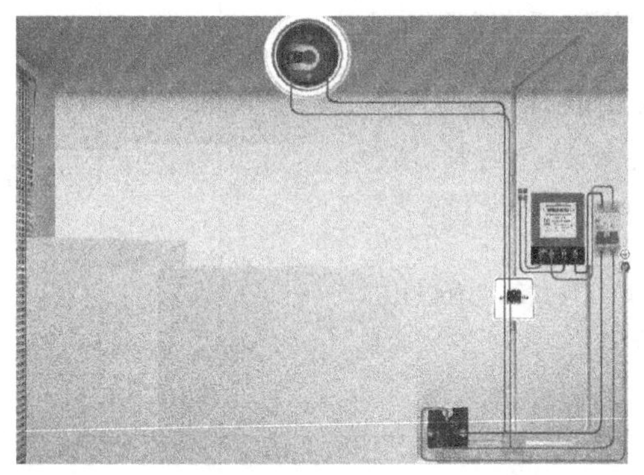

图 4-8　单相电度表直接接线电路接线图

单相电度表直接接线电路接线

4. 单相电度表直接接线电路接线的步骤及调试

1）单相电度表的接线盒内有 4 个接线端子，编号自左向右为 1、2、3、4。接线方法是 1、3 接进线，2、4 接出线。

2）相线 L 与单相电度表的端子 1 连接，中性线与单相电度表的端子 3 连接，用单导线将单相电度表的端子 2 与断路器的 5 点连接，用单导线将单相电度表的端子 4 与断路器的 6 点连接。

3）用单导线将断路器的 7 点与插座的 10 点和开关的 14 点连接，用单导线将断路器的 8 点与插座的 9 点和白炽灯的 11 点连接。

4）用单导线将开关的 13 点与白炽灯的 12 点连接。

5）用手轻轻晃动各器件并拽一下线，检查器件安装和接线是否牢固。确保器件安装牢固、实训接线无误后，给电源控制屏卧箱上电，闭合开关，接通电源，白炽灯亮。

6）用万用表交流电压挡测试插座插孔电压为交流 220V。

四、技能评价

单相电度表直接接线电路安装与调试训练评价见表 4-1。

表 4-1　单相电度表直接接线电路安装与调试训练评价表

<table>
<tr><td>培训专业</td><td colspan="2"></td><td>姓名</td><td colspan="2"></td><td>指导教师</td><td></td><td>总分</td><td></td></tr>
<tr><td>考核时间</td><td colspan="2"></td><td>实际时间</td><td colspan="6">自　　时　　分起至　　时　　分止</td></tr>
<tr><td>任务</td><td>配分</td><td colspan="2">考核内容</td><td colspan="2">评分标准</td><td>学生自评</td><td>小组互评</td><td>教师评价</td><td>得分</td></tr>
<tr><td>箱内器件选用和安装</td><td>20 分</td><td colspan="2">1. 按照原理图选择器件
2. 用万用表检测器件
3. 按位置图正确安装器件
4. 安装位置应整齐、匀称、牢固、间距合理，便于器件的更换</td><td colspan="2">1. 选用器件错误，每处扣 3 分
2. 器件位置安装错误，每处扣 3 分
3. 安装位置不整齐、不匀称、不牢固或间距不合理等，每处扣 3 分</td><td></td><td></td><td></td><td></td></tr>
<tr><td>箱内线路的连接</td><td>30 分</td><td colspan="2">1. 严格按供配电系统图要求接线
2. 所接 BV 线需横平竖直、不允许有交叉、外露铜丝过长、跨接、压绝缘层或绝缘层损坏等现象
3. 白炽灯连线需捆扎</td><td colspan="2">1. 按供配电系统图要求，少接或错接线，每根扣 2 分
2. 所接 BV 线不横平竖直、有交叉、外露铜丝过长、有跨接、有压绝缘层或绝缘层损坏等，每处扣 2 分
3. 白炽灯连接线没有捆扎扣 3 分，捆扎不牢或不规范最多扣 5 分</td><td></td><td></td><td></td><td></td></tr>
<tr><td>箱内工艺</td><td>20 分</td><td colspan="2">1. 进出线连接可靠、整齐或留余量
2. 配线时用异型管填写编号</td><td colspan="2">1. 进出线连接可靠、不整齐或留余量不足，每处扣 0.5 分
2. 没有编号或编号不正确，每处扣 1 分</td><td></td><td></td><td></td><td></td></tr>
</table>

（续）

任务	配分	考核内容	评分标准	学生自评	小组互评	教师评价	得分
线路调试	20分	1. 会使用万用表测试电路 2. 完成线路调试，使白炽灯正常工作	1. 通电后白炽灯不亮，扣5分 2. 通电后开关不起作用，或不符合图样控制要求，扣2分 3. 通电后输出电压不正常，每处扣3分 4. 通电后箱内电路若发生跳闸、漏电等现象，可视事故的轻重，每处扣5分				
安全文明生产	10分	1. 工具摆放、工作台清洁、余废料处理 2. 严格遵守操作规程	1. 工具摆放不整齐，扣3分 2. 工作台清理不净，扣3分 3. 违章操作，视情节扣分				
教师签名：							

任务小结

通过本任务的学习，了解单相电度表的结构、原理和使用，熟悉单相电度表直接接线电路的工艺要求，学会单相电度表直接接线电路配电箱的配线方法及步骤等，能熟练掌握单相电度表直接接线电路的工作原理，掌握单相电度表直接接线电路安装与调试方法。

任务2　三相电度表的配线安装与调试

知识目标

1. 阐述掌握三相电度表的结构、原理和使用。
2. 说出三相电度表配电线路安装方法。
3. 阐述三相电度表配电线路工作原理。

技能目标

1. 能设计电路布线图。
2. 能读懂三相电度表配电箱安装位置图，合理安装元器件。
3. 能完成三相电度表配电箱安装布线。
4. 能对三相电度表配电箱进行调试。

素质目标

1. 在元器件检测时，养成认真细致的习惯，确保数据准确可靠。
2. 在电路安装时，严格规范操作，树立质量监控责任。
3. 在电路布线时，节约用线，养成节约资源意识。
4. 在小组合作安装布线中培养团队合作精神。
5. 在电路调试中，养成安全意识。

知识链接

一、三相电度表

三相电度表如图 4-9 所示，有三相三线制和三相四线制电度表两种，按接线方法可划分为直接式和间接式两种。直接式三相电度表的规格有 10A、20A、30A、50A、75A 和 100A 等多种，一般用于电流较小的电路上；间接式三相电度表常用的规格是 5A，与电流互感器连接后，用于电流较大的电路上。

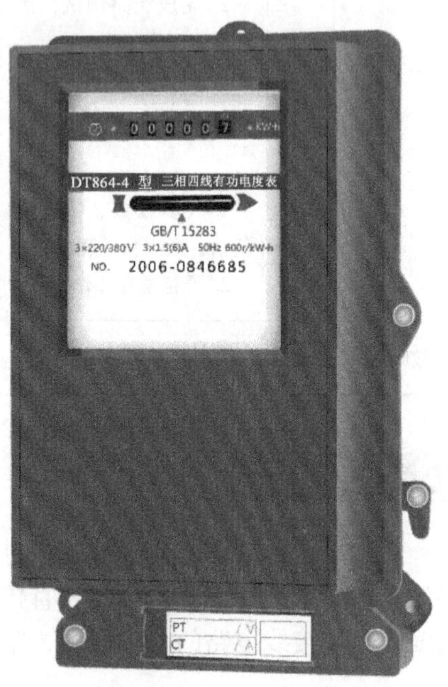

图 4-9　三相电度表

1. 直接式三相四线制电度表接线

直接式三相四线制电度表共有 11 个接线桩，从左到右按 1~11 编号，1、4、7 是电源相线的进线桩，用来连接从总熔丝盒下桩头引出来的 3 根相线，3、6、9 是电源相线的出线桩，分别接总开关的三个进线桩，10、11 是电源中性线的进线桩和出线桩；2、5、8 三个接线桩可空着，如图 4-10 所示。

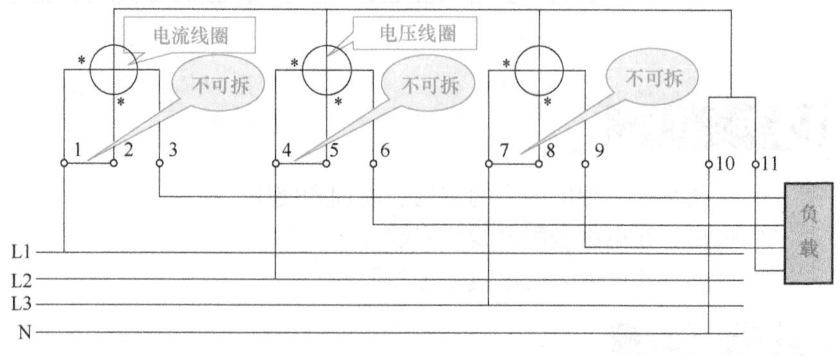

图 4-10　直接式三相四线制电度表接线方法

直接式三相四线制电度表接线方法

2. 间接式三相四线制电度表接线

间接式三相四线制电度表接线方法如图 4-11 所示。翻过接线端子盖，就可以看到接线图。1、4、7 接电流互感器二次侧 S_1 端，即电流进线端；3、6、9 接电流互感器二次侧 S_2

端，即电流出线端；2、5、8 分别接三相电源 L1、L2、L3；10、11 是中性线进线端和出线端。为了安全，应将电流互感器 S_2 端连接后接地。

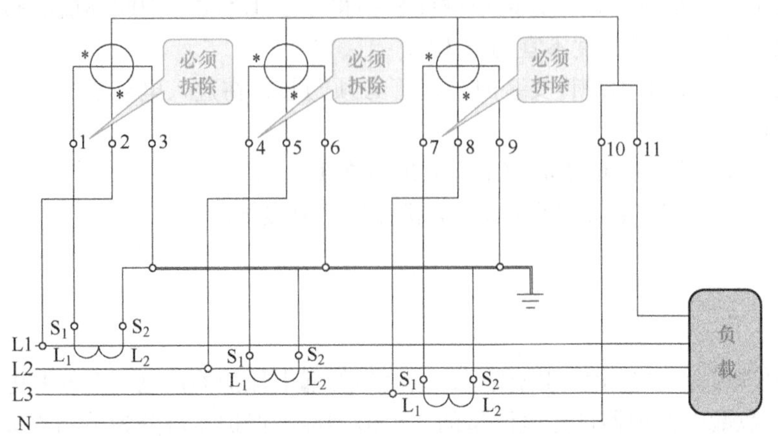

图 4-11　间接式三相四线制电度表接线方法

间接式三相四线制电度表接线方法

二、电流互感器

电流互感器的基本结构原理图如图 4-12 所示，它的结构特点是：一次绕组匝数很少，有的电流互感器没有一次绕组，利用穿过其铁心的一次电路作为一次绕组（相当于匝数为 1），且一次绕组相当粗；而二次绕组匝数多，导体较细。工作时，一次绕组串接在一次电路中，而二次绕组则与仪表、继电器等的电流线圈相串联，形成一个闭合回路。由于这些电流线圈的阻抗很小，因此电流互感器工作时二次回路接近于短路状态。

穿心式电流互感器的结构原理图如图 4-13 所示。电流互感器的一次额定电流 I_{N1} 与二次额定电流 I_{N2} 之比，叫作电流互感器的额定电流比，用 K_{TA} 表示，即

$$K_{TA}=\frac{I_{N1}}{I_{N2}}$$

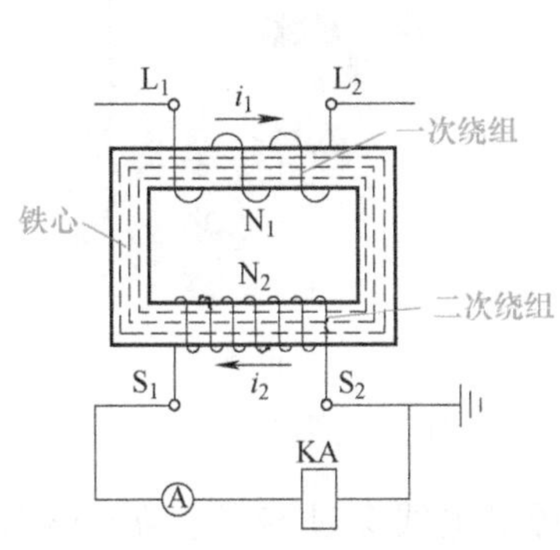

图 4-12　电流互感器的基本结构原理图

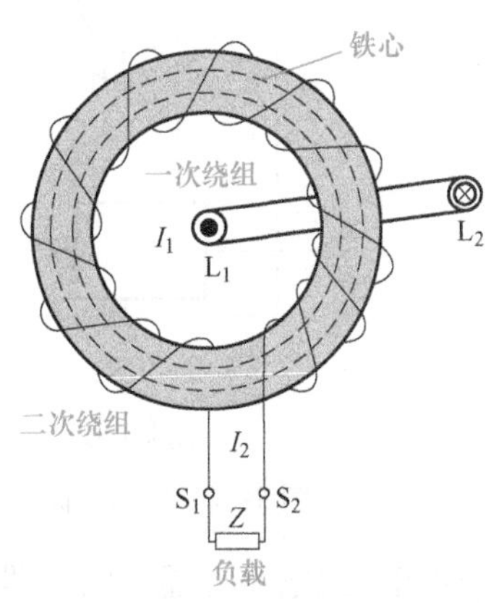

图 4-13　穿心式电流互感器的结构原理图

三、三相电度表安装注意事项

1）电度表总线必须采用铜芯塑料硬线，其最小截面积不得小于 1.5m^2，中间不能有接头，自总熔丝盒至电度表之间沿线敷设长度不宜超过 10m。

2）电度表总线必须明线敷设，采用线管安装时，线管必须明装，在进入电度表时，一般以“左进右出”原则接线。

3）电度表必须垂直于地面安装，表的中心离地面高度应在 1.4m。

4）电流互感器二次侧或“-”接线桩的螺栓和铁心都必须可靠接地。

四、漏电保护器

1. 漏电保护器的种类

漏电保护器按其动作原理可分为电压型和电流型，电流型的漏电保护器比电压型的漏电保护器性能优越，目前大多数漏电保护器都是电流型的。电流型漏电保护器可分为单相双极式（2P 型）、三相三极式（3P 型）和三相四极式（3P+N 型）三类。对于居民住宅及其他单相电路，应用最多的是单相双极式电流型漏电保护器。三相三极式电流型漏电保护器应用于三相动力电路，三相四极式电流型漏电保护器应用于动力、照明混用的三相电路。

2. 漏电保护器的原理

（1）单相双极式电流型漏电保护器　正常运行（不漏电）时，流过相线和中性线的电流相等，两者合成电流为零，漏电电流检测元件（零序电流互感器）无漏电信号输出，脱扣线圈无电流而不跳闸；当发生人碰触相线触电或相线漏电，线路对地产生漏电电流时，流过相线的电流大于中性线电流，两者合成电流不为零，互感器感应出漏电信号，经放大器输出驱动电流，脱扣线圈因有电流而跳闸，起到人身触电或漏电的保护作用。单相双极式电流型漏电保护器的原理图及外形图如图 4-14 所示。

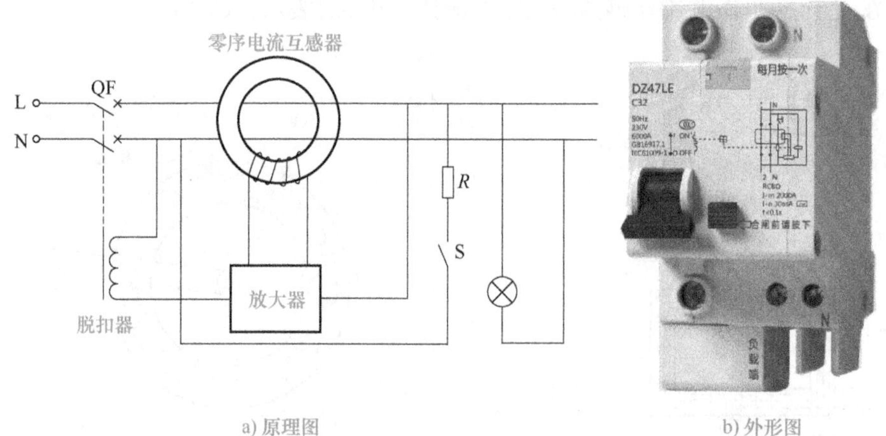

a) 原理图　　b) 外形图

图 4-14　单相双极式电流型漏电保护器的原理图及外形图

（2）三相四极式电流型漏电保护器　电路中的电源供电线穿过零序电流互感器的环形铁心，零序电流互感器的输出端与漏电脱扣器相连，其原理与单相双极式电流型漏电保护器原理相同。

在三相五线制供电系统中要注意正确接线，中性线与三根相线一同穿过漏电电流检测的互感器铁心。中性线不可重复接地，保护接地线（PE）作为漏电电流的主要通路，应与电气设备的保护接地线相连接。保护接地线不能经过漏电保护器，末端必须进行重复接地。错误安装漏电保护器会导致保护器误动作或失效。

三相四极式电流型漏电保护器的原理图及外形图如图 4-15 所示。

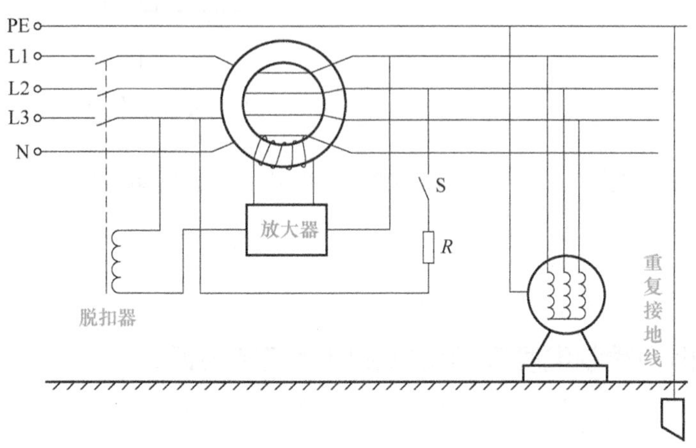

a）原理图

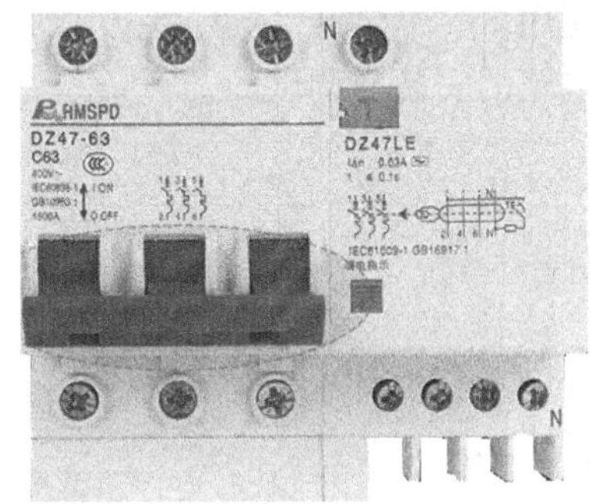

b) 外形图

图 4-15　三相四极式电流型漏电保护器的原理图及外形图

三相四极式漏电保护器的原理

3. 漏电保护器的安装与使用

1）照明线路的相线和中性线均要经过漏电保护器，漏电保护器应垂直安装，倾斜度不得超过 5°，电源进线必须接在漏电保护器的正上方，即外壳上标注“电源”或“进线”的一端；出线接正下方，即外壳上标注“负载”或“出线”的一端，如图 4-16、图 4-17 所示。

2）三相四极式电流型漏电保护器安装时必须严格区分中性线和保护接地线，三相四线制的中性线应接入四极式漏电保护器。经过漏电保护器的中性线不得作为保护接地线，不得重复接地或接设备的外露导电部分，保护接地线不得接入漏电保护器。

3）安装漏电保护器后，被保护设备的金属外壳仍应采用保护接地。

4）漏电保护器在安装后，在带负载状态分、合三次，不应出现误动作；再按压试验按钮三次，应能自动跳闸，注意按钮时间不要太长，以免烧坏漏电保护器。试验正常后即可投入使用。

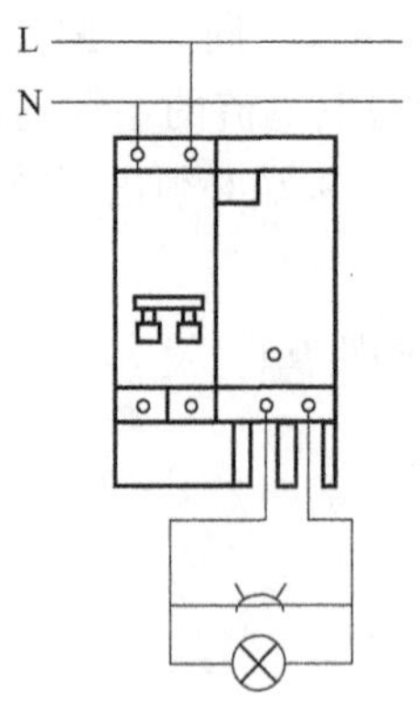

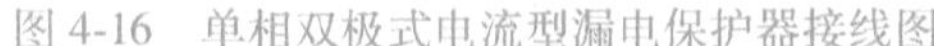

图 4-16 单相双极式电流型漏电保护器接线图

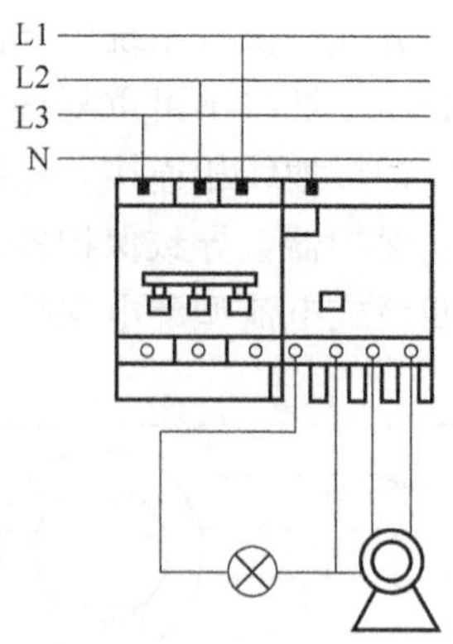

图 4-17 三相四极式电流型漏电保护器接线图

技能训练

实训 4-2 三相四线制电度表间接接线电路安装与调试

一、实训目的

1）熟悉三相电度表的结构、原理和使用。

2）掌握三相四线制电度表间接接线电路的安装与调试。

二、实训器材及材料

万用表、三相电度表、配电箱、断路器、导轨、电流互感器、插座、电工工具一套等。

三、实训内容和步骤

1. 三相四线制电度表间接接线的电路原理图

三相四线制电度表间接接线的电路原理图如图 4-18 所示。

三相四线制电度表间接接线电路原理

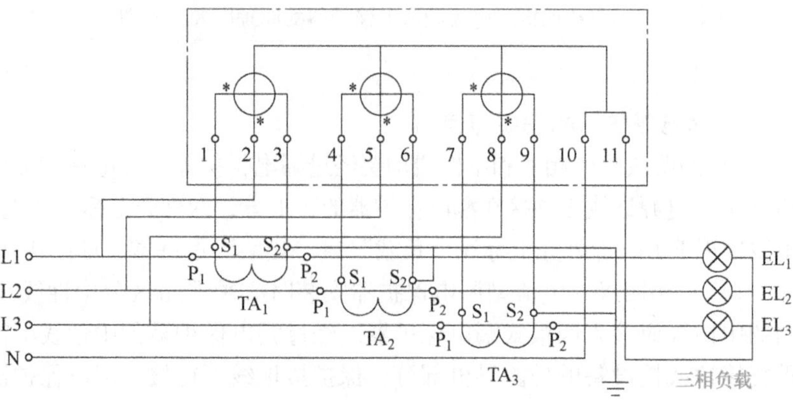

图 4-18 三相四线制电度表间接接线的电路原理图

2. 三相四线制电度表间接接线的配电箱安装位置与接线图

三相四线制电度表间接接线配电箱的安装位置与接线图如图 4-19 所示。

图 4-19　三相四线制电度表间接接线配电箱的安装位置与接线图

三相四线制电度表间接接线电路接线

3. 三相四线制电度表间接接线的步骤及调试

1）三相电度表的接线盒内有 11 个接线端子，编号自左向右为 1~11。

2）相线 L1 与三相电度表的 2 和负载 EL_1 一端（中间穿过电流互感器 TA_1 的 P_1、P_2）连接，相线 L2 与三相电度表的 5 和负载 EL_2 一端（中间穿过电流互感器 TA_2 的 P_1、P_2）连接，相线 L3 与三相电度表的 8 和负载 EL_3 一端（中间穿过电流互感器 TA_3 的 P_1、P_2）连接，中性线 N 与三相电度表的 10 连接。

3）用单导线将 L1 相线三相电度表的 1 与电流互感器 TA_1 的 S_1 连接，L1 相线三相电度表 3 与电流互感器 TA_1 的 S_2 连接，L2 相线三相电度表的 4 与电流互感器 TA_2 的 S_1 连接，L2 相线三相电度表的 6 与电流互感器 TA_2 的 S_2 连接，L3 相线三相电度表的 7 与电流互感器 TA_3 的 S_1 连接，L3 相线三相电度表的 9 与电流互感器 TA_3 的 S_2 连接。

4）用单导线将三相电度表的 11 与负载的另一端连接。

5）用手轻轻晃动各器件并拽一下线，检查器件安装和接线是否牢固。确保器件安装牢固、接线无误后，给电源控制屏卧箱上电，闭合开关，接通电源，白炽灯亮。

四、技能评价

三相四线制电度表间接接线电路安装与调试训练评价见表 4-2。

表 4-2　三相四线制电度表间接接线电路安装与调试训练评价表

培训专业		姓名		指导教师		总分	
考核时间		实际时间	自　时　分起至　时　分止				
任务	配分	考核内容	评分标准	学生自评	小组互评	教师评价	得分
箱内器件选用和安装	20 分	1. 按照原理图选择器件 2. 用万用表检测器件 3. 按位置图正确安装器件 4. 安装位置应整齐、匀称、牢固、间距合理，便于器件的更换	1. 选用器件错误，每处扣 3 分 2. 器件位置安装错误，每处扣 3 分 3. 安装位置不整齐、不匀称、不牢固或间距不合理等，每处扣 3 分				
箱内线路的连接	30 分	1. 严格按供配电系统图要求接线 2. 所接 BV 线需横平竖直、不允许有交叉、外露铜丝过长、跨接、压绝缘层或绝缘层损坏等现象 3. 指示灯连线需捆扎	1. 按供配电系统图要求，少接或错接线，每根扣 2 分 2. 所接 BV 线不横平竖直、有交叉、外露铜丝过长、有跨接、有压绝缘层或绝缘层损坏等，每处扣 2 分 3. 指示灯连接线没有捆扎扣 3 分，捆扎不牢或不规范最多扣 5 分				
箱内工艺	20 分	1. 进出线连接可靠、整齐或留余量 2. 配线时用异型管填写编号	1. 进出线连接可靠、不整齐或留余量不足，每处扣 5 分 2. 没有编号或编号不正确，每处扣 1 分				
线路调试	20 分	1. 会使用万用表测试电路 2. 完成线路调试，使白炽灯正常工作	1. 通电后白炽灯不亮，扣 5 分 2. 通电后开关不起作用，或不符合图样控制要求，扣 2 分 3. 通电后输出电压不正常，每处扣 3 分 4. 通电后箱内电路若发生跳闸、漏电等现象，可视事故的轻重，每处扣 5 分				
安全文明生产	10 分	1. 工具摆放、工作台清洁、余废料处理 2. 严格遵守操作规程	1. 工具摆放不整齐，扣 3 分 2. 工作台清理不净，扣 3 分 3. 违章操作，视情节扣分				

教师签名：

实训 4-3 三相四线制电度表直接接线电路安装与调试

一、实训目的

1）熟悉三相四线制电度表的结构、原理和使用。
2）了解三相四线制电度表直接接线电路的接线。
3）掌握漏电保护器的使用。
4）掌握板前线槽布线工艺要求。

二、实训器材及材料

万用表、三相电度表、线槽、配电箱、断路器、开关、插座、电工工具一套等。

三、实训内容和步骤

1. 三相四线制电度表直接接线的电路原理图

三相四线制电度表直接接线的电路原理图如图 4-20 所示。

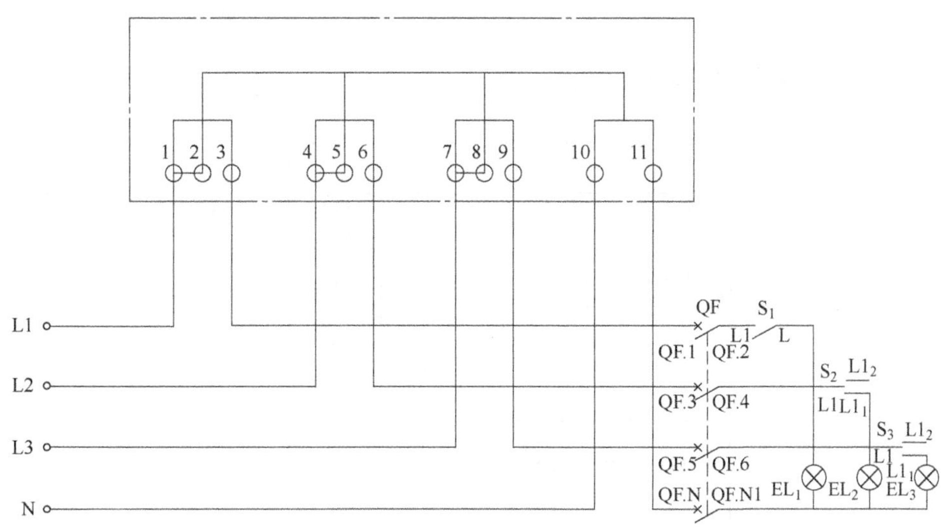

图 4-20 三相四线制电度表直接接线的电路原理图

2. 三相四线制电度表直接接线电路的安装位置图

三相四线制电度表直接接线电路的安装位置图如图 4-21 所示。

3. 三相四线制电度表直接接线电路的接线图

三相四线制电度表直接接线电路的接线图如图 4-22 所示。

4. 三相四线制电度表直接接线电路的安装实物图

三相四线制电度表直接接线电路的安装实物图如图 4-23 所示。

5. 三相四线制电度表直接接线的步骤及调试

1）三相四线制电度表的 1、4、7、10 为进线端，3、6、9、11 为出线端，其中，10 接进线端的中性线，11 接负载端的中性线。

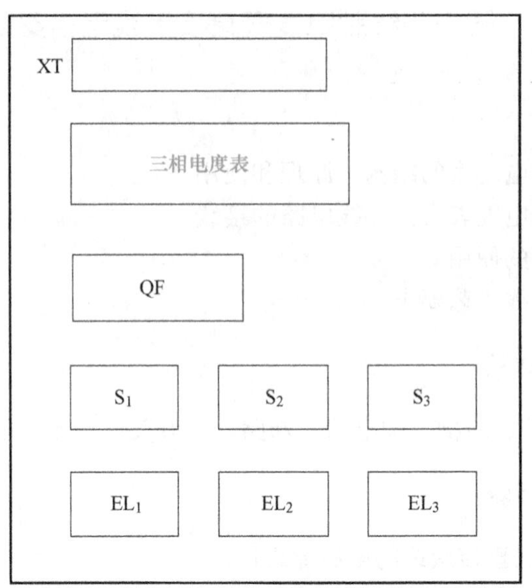

图 4-21　三相四线制电度表直接接线电路的安装位置图

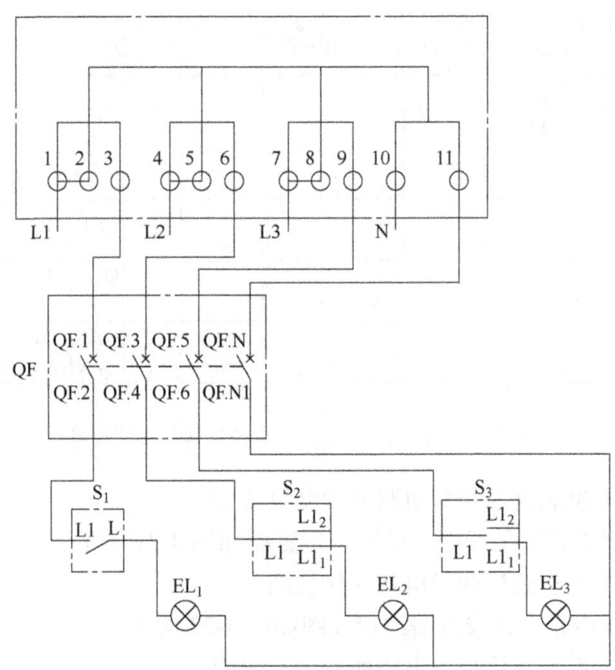

图 4-22　三相四线制电度表直接接线电路的接线图

2）将电度表下部的盖子打开，看到标号为 1～11 的 11 个接线端子，其中 1 和 2、4 和 5、7 和 8 分别通过金属片相连。

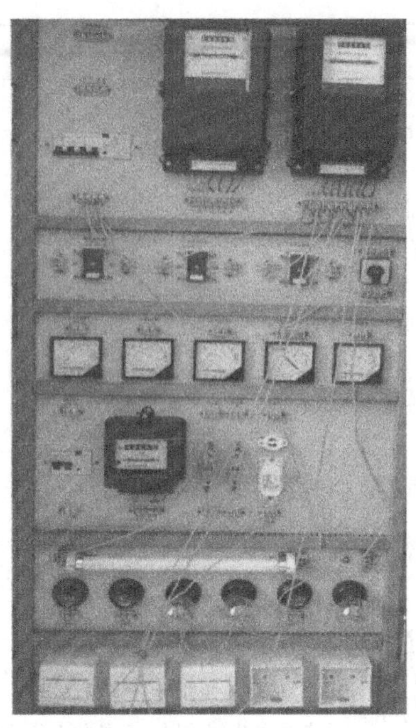

图 4-23　三相四线制电度表直接接线电路的安装实物图

3）相线 L1、L2、L3 及 N 分别接在进线端 1、4、7、10 上。

4）出线端 3、6、9、11 分别接在漏电保护器的进线端。

5）漏电保护器出线端与负载的开关、白炽灯相连接。

6）用手轻轻晃动各器件并拽一下线，检查器件安装和接线是否牢固。确保器件安装牢固、接线无误后，给电源控制屏卧箱上电，闭合开关，接通电源，白炽灯亮。

四、技能评价

三相四线制电度表直接接线电路安装与调试训练评价见表 4-3。

表 4-3　三相四线制电度表直接接线电路安装与调试训练评价表

<table>
<tr><td>培训专业</td><td colspan="2"></td><td>姓名</td><td></td><td>指导教师</td><td></td><td>总分</td><td></td></tr>
<tr><td>考核时间</td><td colspan="2"></td><td>实际时间</td><td colspan="5">自　　时　　分起至　　时　　分止</td></tr>
<tr><td>任务</td><td>配分</td><td colspan="2">考核内容</td><td>评分标准</td><td>学生自评</td><td>小组互评</td><td>教师评价</td><td>得分</td></tr>
<tr><td>箱内器件选用和安装</td><td>20 分</td><td colspan="2">1. 按照原理图选择器件
2. 用万用表检测器件
3. 按位置图正确安装器件
4. 安装位置应整齐、匀称、牢固、间距合理，便于器件的更换</td><td>1. 选用器件错误，每处扣 3 分
2. 器件位置安装错误，每处扣 3 分
3. 安装位置不整齐、不匀称、不牢固或间距不合理等，每处扣 3 分</td><td></td><td></td><td></td><td></td></tr>
</table>

（续）

任务	配分	考核内容	评分标准	学生自评	小组互评	教师评价	得分
箱内线路的连接	30分	1. 严格按供配电系统图要求接线 2. 所接BV线需横平竖直、不允许有交叉、外露铜丝过长、跨接、压绝缘层或绝缘层损坏等现象 3. 白炽灯连线需捆扎	1. 按供配电系统图要求，少接或错接线，每根扣2分 2. 所接BV线不横平竖直、有交叉、外露铜丝过长、有跨接、有压绝缘层或绝缘层损坏等，每处扣2分 3. 白炽灯连接线没有捆扎扣3分，捆扎不牢或不规范最多扣5分				
箱内槽板工艺	20分	1. 进出线连接可靠、整齐或留余量 2. 配线时用异型管填写编号 3. 槽板端头对准电箱出线孔或处于开关盒、插座盒和灯座的中间位置 4. 柱面或接缝不超过1mm	1. 进出线连接可靠、不整齐或留余量不足，每处扣5分 2. 没有编号或编号不正确，每处扣1分 3. 槽板端头未对准电箱出线孔或未处于开关盒、插座盒和灯座的中间位置，每处扣1分 4. 未贴柱面或接缝超过1mm，每处扣1分				
线路调试	20分	1. 会使用万用表测试电路 2. 完成线路调试，使白炽灯正常工作	1. 通电后白炽灯不亮，扣5分 2. 通电后开关不起作用，或不符合图样控制要求，扣2分 3. 通电后输出电压不正常，每处扣3分 4. 通电后箱内电路若发生跳闸、漏电等现象，可视事故的轻重，每处扣5分				
安全文明生产	10分	1. 工具摆放、工作台清洁、余废料处理 2. 严格遵守操作规程	1. 工具摆放不整齐，扣3分 2. 工作台清理不净，扣3分 3. 违章操作，视情节扣分				
教师签名：							

实训4-4　低压配电箱安装与调试

一、实训目的

1）熟悉三相四线制电度表的结构、原理和使用。

2）了解三相四线制电度表直接接线电路的接线。
3）掌握漏电保护器的使用。
4）掌握低压配电箱板前布线工艺要求。

二、实训器材及材料

万用表、三相电度表、配电箱、断路器、导轨、漏电保护器、熔断器式隔离开关、插座、电工工具一套等。

三、实训内容和步骤

1. 低压配电箱接线示意图

低压配电箱接线示意图如图4-24所示。

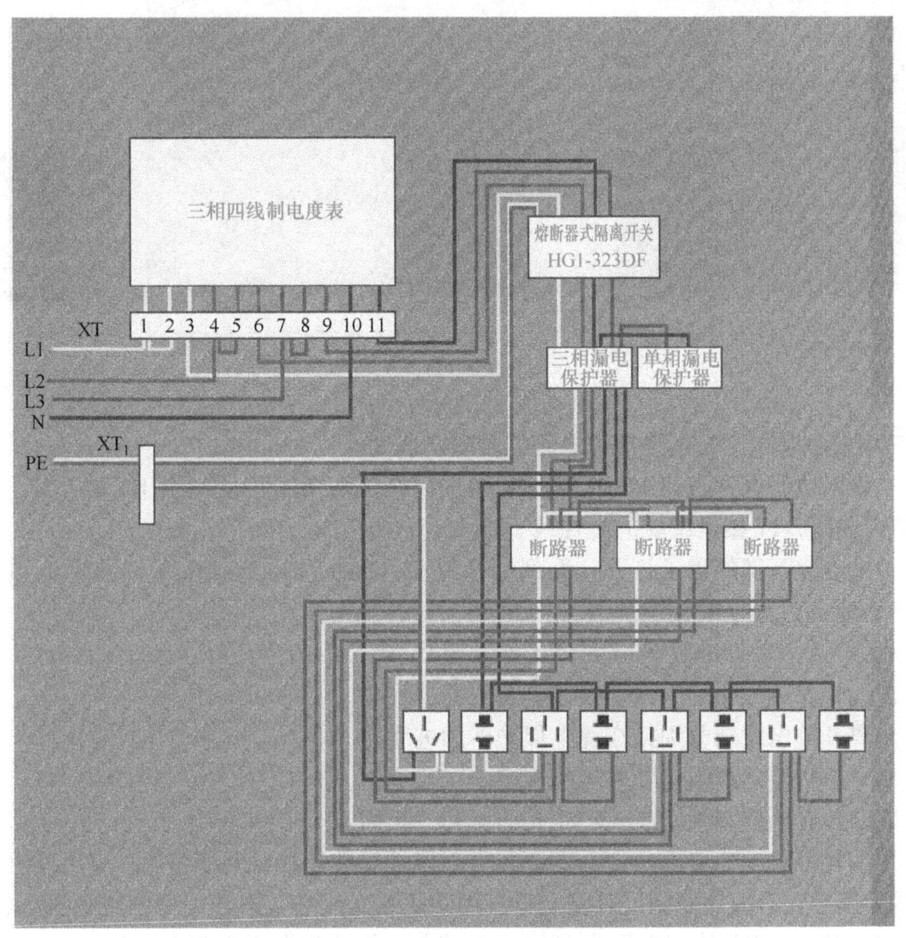

图4-24 低压配电箱接线示意图

2. 低压配电箱器件安装位置图

低压配电箱器件安装位置图如图4-25所示。

3. 低压配电箱电路安装接线图

低压配电箱电路安装接线图如图 4-26 所示。

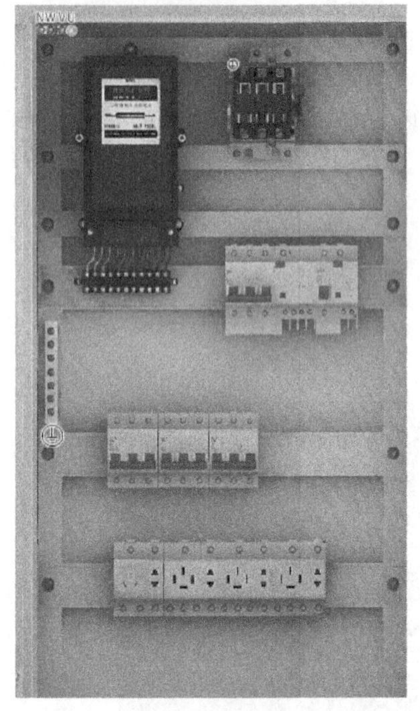

图 4-25　低压配电箱器件安装位置图

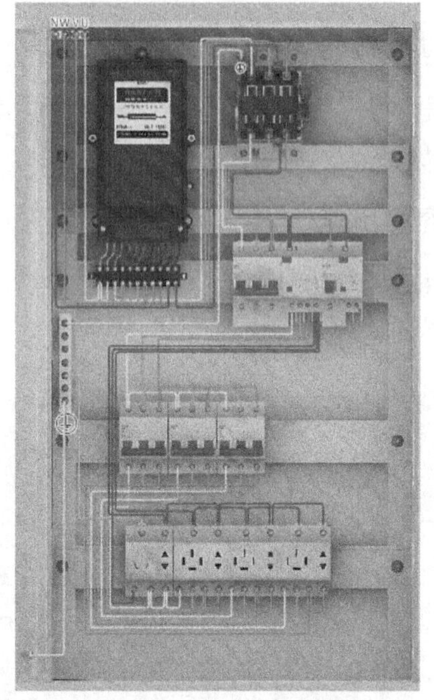

图 4-26　低压配电箱电路安装接线图

配电箱电路安装接线

4. 三相四线制电度表直接接线电路的步骤及调试

1）三相四线制电度表的 1、4、7、10 为进线端，3、6、9、11 为出线端，其中，10 接进线端的中性线，11 接负载端的中性线。

2）将电度表下部的盖子打开，看到标号为 1~11 的 11 个接线端子，其中 1 和 2、4 和 5、7 和 8 分别通过短接线相连。

3）相线 L1、L2、L3 及 N 分别接在进线端 1、4、7、10 上。

4）出线端 3、6、9、11 分别接在隔离开关进线端。

5）隔离开关出线端分别接在漏电保护器的进线端。

6）漏电保护器出线端与断路器相连接。

7）断路器分别控制单相二孔、三孔插座和三相插座。

8）用手轻轻晃动各器件并拽一下线，检查器件安装和接线是否牢固。确保器件安装牢固、接线无误后，给电源控制屏卧箱上电，用万用表交流电压挡分别测量插座插孔电压，单相电压为 220V，三相相线间电压为 380V，相线与中性线间电压为 220V。

四、技能评价

低压配电箱安装与调试训练评价见表 4-4。

表 4-4 低压配电箱安装与调试训练评价表

培训专业		姓名		指导教师		总分		
考核时间		实际时间	自　　时　　分起至　　时　　分止					
任务	配分	考核内容	评分标准	学生自评	小组互评	教师评价	得分	
箱内器件选用和安装	20分	1. 按照接线示意图选择器件 2. 用万用表检测器件 3. 按位置图正确安装器件 4. 安装位置应整齐、匀称、牢固、间距合理，便于器件的更换	1. 选用器件错误，每处扣3分 2. 器件位置安装错误，每处扣3分 3. 安装位置不整齐、不匀称、不牢固或间距不合理等，每处扣3分					
箱内线路的连接	30分	1. 严格按供配电系统图要求接线 2. 所接BV线需横平竖直、不允许有交叉、外露铜丝过长、跨接、压绝缘层或绝缘层损坏等现象	1. 按供配电系统图要求，少接或错接线，每根扣2分 2. 所接BV线不横平竖直、有交叉、外露铜丝过长、有跨接、有压绝缘层或绝缘层损坏等，每处扣2分					
箱内工艺	20分	1. 进出线连接可靠、整齐或留余量 2. 配线时用异型管填写编号 3. 槽板端头对准电箱出线孔或处于开关盒、插座盒和灯座的中间位置 4. 柱面或接缝不超过1mm	1. 进出线连接可靠、不整齐或留余量不足，每处扣5分 2. 没有编号或编号不正确，每处扣1分 3. 槽板端头未对准电箱出线孔或未处于开关盒、插座盒和灯座的中间位置，每处扣1分 4. 未贴柱面或接缝超过1mm，每处扣1分					
线路调试	20分	1. 会使用万用表测试电路 2. 完成线路调试，测试插座是否正常工作	1. 通电后插座电压不正确，扣5分 2. 通电后测试插座无电压，或不符合图样控制要求，扣2分 3. 通电后箱内电路若发生跳闸、漏电等现象，可视事故的轻重，每处扣5分					
安全文明生产	10分	1. 工具摆放、工作台清洁、余废料处理 2. 严格遵守操作规程	1. 工具摆放不整齐，扣3分 2. 工作台清理不净，扣3分 3. 违章操作，视情节扣分					
教师签名：								

任务小结

通过本任务的学习，了解三相电度表和漏电保护器的结构、原理和使用，熟悉三相电度表直接、间接接线电路的工艺要求和电路工作原理，学会三相电度表直接、间接接线电路配电箱的配线方法及步骤等，掌握三相电度表直接、间接接线电路配电箱的安装与调试。

思考与练习

一、填空题

1. 电度表安装地点应符合下列三点要求：（1）__________；（2）__________；（3）__________。

2. 家用漏电保护器仅对__________、__________起保护作用，对__________起不到保护作用，所以在用电和维修电路时应尽可能单手操作。

3. 某用户1月底电度表示数如图4-27a所示，2月底电度表示数如图4-27b所示，该用户2月份用了__________电。

0	3	5	4	2

a)

0	4	3	1	7

b)

图4-27　题3图

4. 配电箱在清洁保养前首先要切断______，再对其清洁。

5. 电度表应按设计装配图规定的位置进行安装，不能安装在______、______、多尘及有______的地方。

二、选择题

1. 一个普通家庭电器的总功率为4kW，一般选用的单相电度表的额定电压是（　　）。

A. 5A　　B. 10A　　C. 20A　　D. 40A

2. 三芯护套线中，规定用作接地线的那根芯线的绝缘层的颜色是（　　）。

A. 红色　　B. 黑色或者绿-黄双色

C. 白色　　D. 绿色或蓝色

3. 二孔式插座接线安装完毕后，用万用表电阻挡检查是否正确时，将万用表的一根表笔与二孔插座的一端接触，另一表笔分别与进线端子的左、右两插孔接触，观察到的万用表指针偏转情况应该是（　　）。

A. 两次都为零　　B. 一次为无穷大，另一次指针摇摆不定

C. 两次都为无穷大　　D. 一次为无穷大，一次为零

4. 下列三芯护套线剥去绝缘层长度示意图中，正确的是（　　）。

A. 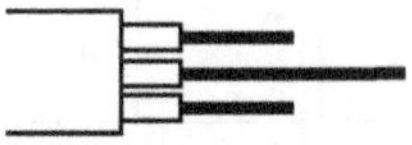　　B.

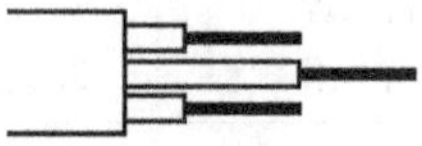

C. 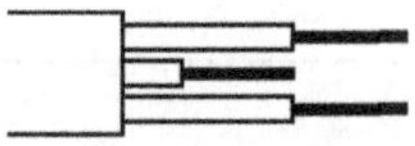　　D.

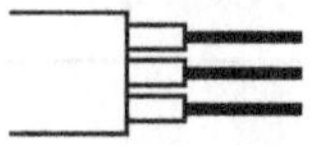

三、问答题

1. 漏电保护器动作的可靠性保护试验是怎样做的？
2. 如何安装单相电度表？
3. 家用漏电保护器的安装和使用应注意哪些事项？
4. 三相电度表的接线方式有几种？如何安装三相电度表？
5. 低压配电箱的安装与调试步骤有哪些？

参考文献

[1] 王建，张凯. 电工实用技能 [M]. 北京：机械工业出版社，2007.

[2] 郝晶卉，鹿学俊. 照明线路安装与检修 [M]. 北京：高等教育出版社，2015.

[3] 刘靖. 电工技能实训（图表式）[M]. 北京：机械工业出版社，2009.

[4] 徐兰文，朱嫣红. 安装电工实用技术 [M]. 2 版. 北京：高等教育出版社，2015.

[5] 杨玲. 照明系统安装与维修：项目式教学 [M]. 北京：高等教育出版社，2009.

[6] 杨亚平. 电工技能与实训 [M]. 4 版. 北京：电子工业出版社，2016.

[7] 刘敬慧. 电子产品装配与调试基本技能 [M]. 北京：机械工业出版社，2013.